前 言

在全球呼唤绿色革命、举国开展生态建设的形势下，城市和城镇的公园、动物园、居民小区、机关、企事业单位、公共活动场所、高尔夫球场、足球场等地栽植的花草树木、建植的草坪越来越多，人们的环境意识越来越强。城市建筑物多，道路多，人为活动频繁，绿地面积较小，这些特点不仅对花木生长不利，又易于诱发多种病虫害。频繁发生的病虫灾害，已成为困扰城市绿地建设的一个重要问题。

我们通过对全国部分地区，特别是北方地区的一些城市和城镇绿地病虫害的调查，组织编著了本书。书中简明阐述了城市绿地病虫害的发生特点、主要防治对策，系统介绍了106种常见的和新发现的病虫害的危害性、诊断识别要点、发生规律和防治方法，每种病虫都有在野外发生地拍摄的彩色照片并与说明文字相对应，便于读者在诊断识别和防治病虫害中应用。所收入的病虫害都有一定的代表性，介绍的防治方法可以在同类病虫害中参照使用。

编著本书，我们感到能为推广植保新技术、普及城市绿地病虫害防治知识，为建设生态城市出点力而欣慰。

受学识限制，书中缺憾、疏漏以至谬误之处，欢迎读者斧正。

徐志华

2003年9月7日

于白鹿泉畔骆沂草堂

目　录

城市生态建设必备

让您所在的城市更美丽

城市绿地病虫害诊治图说

徐志华　张少飞
乔建国　赵淑萍　编著

中国林业出版社

内容提要

本书介绍了城市绿地(如公园、动物园、居民小区绿地等)病虫灾害的发生特点和防治对策，阐述了城市绿地花草树木常见的及新发现的病虫害106种。每种病虫害均系统介绍了诊断识别要点、发生规律和防治方法，并均附有1至多幅彩色生态照片，供读者对照识别病虫害用。本书图文并茂，科学性和实用性强，可供园林工作者、农林技术员和花卉爱好者参考使用。

图书在版编目（CIP）数据

城市绿地病虫害诊治图说／徐志华等编著.－北京：中国林业出版社，2004.1
ISBN 7-5038-3653-9

Ⅰ.城…　Ⅱ.徐…　Ⅲ.城市－绿化地－病虫害防治方法－图解　Ⅳ.S731.2-64

中国版本图书馆 CIP 数据核字（2003）第121684号

出　版:中国林业出版社
地　址:北京西城区刘海胡同7号(邮编：100009；电话：010-66162880)
发　行:中国林业出版社
印　刷:利丰雅高（深圳）印刷有限公司
版　次:2004年1月第1版
印　次:2004年1月第1次
开　本:880mm×1230mm　1/32
印　张:4.5
字　数:110千字　彩色照片:265幅
印　数:1～5 000册
定　价:29.00元

第一篇

城市绿地病虫害诊治简论

国民经济的迅速发展和人民日益增长的物质文化需求，使大、中城市和城镇的绿化美化工作越来越被人们所重视，公园、动物园、居民小区、机关、企事业单位、公共活动场所、足球场、高尔夫球场等地栽植的花草树木，建植的草坪越来越多。搞好城市的生态建设，已成为现代社会和可持续发展的重要组成部分，是全面建设小康社会的标志之一。伴随着城市绿地的迅速增加，城市绿地病虫灾害的发生日趋频繁，加之绿地管理水平不高以及缺乏病虫害诊断识别和防治知识，致使灾情有愈演愈烈的趋势，甚至导致个别地方绿化美化失败。然而从总体上讲，国民的环保意识逐步增强，城市绿地的病虫害防治工作，正被越来越多的人们所重视。

城市绿地景观 I

日本夹竹桃

菊　花

一、城市绿地病虫害发生特点

(1)形体较小以及钻蛀性害虫较多而大型种类较少。这些地方花木常见害虫多为蚜虫、介壳虫、叶螨、潜叶蝇、潜叶蛾、天牛、吉丁虫、小蠹虫等，而天蛾、舟蛾、大蚕蛾等形体较大的害虫则较少发生。

(2)病害和虫害的种类均多，但暴发成灾的少。由于城市绿地花草树木来源的多渠道及其种类的复杂多样，往往带来了花木在产地的病虫害，加之城市附近的森林、果园、农田、草原病虫害对城市绿地的侵入，天敌的滞后，因而增加了城市绿地病虫害的复杂性和多发性。花木的病毒病害、细菌病害、植物菌原体病害等潜隐性明显、危害性较强的病害相对较多。但由于公园、动物园、居民小区等城市绿地的管护水平一般较高，所以大面积暴发成灾的少，但飞蝗、粘虫等远距离迁飞而来的突发性灾害，则不属于这种情况。

(3)因栽培管理措施不当、环境不适等原因导致的花木生长不良而引发的病虫害较多。这是由绿地所处的城市环境特殊性所决定的，绿地附近甚至绿地内建筑物、道路较多，花木根部周围人为践踏、过量的地面硬化、较强的地面辐射和大气污染等，常致花木生长衰弱，对病虫的抵抗力降低，因而根腐病、腐烂病、溃疡病、双条杉天牛等弱寄生的病害和次期性害虫常发生严重。

(4)生态环境脆弱，天敌种类少，绿地对病虫害的自控能力甚小。城市绿地面积相对较小，而人为活动又非常频繁决定了这种情况。

(5)防治要求标准高。城市绿地的功能，主要是改善生态环境，供人们休闲、娱乐、游玩和观赏。同一种病虫害危害同一种花木，危害程度也相同，发生在山野森林可能不需要防治，而发生在城市绿地往往必须防治。

二、城市绿地病虫害防治对策

(1)坚持预防为主。城市园、区内的花草树木以美化、观赏为首要目的，要求花木生长健壮，叶片完整，花朵艳丽，形态美观，不能等到病虫危害已造成一定损失后再除治；而是要细致做好工作，定期的专门进行或结合园艺管理随时观察和调查病虫情，及时采取应对措施，防止可能出现的任何病虫灾害。始终把预防放在第一位，可在秋后至春前视情况细致、周到的喷洒1～2次3～5° Be石硫合剂等，在生长季节，根据历年病虫害发生情况，有针对性的再喷洒3～4次相应的农药，持续控制病虫情，使绿地不见灾害。

(2）搞好检疫检验。在新建、铺植绿地需购买、引进花草树木时要认真搞好检疫检验，确保苗木不带有国家规定的检疫对象和苗产地以及引入地所在省（自治区、直辖市）补充的检疫对象；同时要深入苗产地进行调查，不要重茬苗，不要徒长苗，不要病虫苗，确保苗木健壮敦实，根系发达，无病虫害。

(3）加强栽培管理，增强抗病抗虫性是根本。园林植物的配置要在建园初期与园景建设统一规划，全面安排，选栽适于当地气候土壤条件生长、绿化美化效果好、寿命较长的花木；不要片面追求奇花异草，盲目引种，结果不适于当地生

城市绿地景观 II

鸡冠花

鸢　尾

长，长势衰弱，病虫害严重，以至造成绿化失败。要对栽植的合格苗木，按其生物学特性，科学浇水、施肥、修剪，使其生长健壮，达到枝繁、叶茂、花艳。

（4）搞好绿化区的卫生。这是防治病虫害既简单易行又经济有效的方法。每年秋后，要彻底清除园、区内的落叶、枯枝、枯死株，剪除树上病枝、枯枝、刮掉树干粗皮，集中深埋或高温沤肥。生长季节对园艺管理修剪下的枝、叶、残株，尤其是病虫枝、叶，要随时收集深埋或高温沤肥，以杀死病菌和害虫。绿化区内游乐场所和人行步道上所清扫出的垃圾，可能人为带有更多的病菌，不要扫入树坑、绿地，要运出绿地后集中处理。

（5）选用异味小、效果好、对游人和观赏动植物都安全的农药。首选矿物源、生物源性农药及昆虫生长调节剂。冬季花木休眠期杀虫杀菌宜选用柴油乳剂、3～5°Be 石硫合剂。生长季节杀虫杀螨可选用烟碱、茴蒿素、灭蚜威、爱卡士、灭幼脲等；杀菌可选用波尔多液、好宝多、可杀得等。还可选用杀虫谱广、效果好的有机合成农药，杀虫杀螨可选用灭扫利、速灭杀丁、霸螨灵等，杀菌可选用扑海因、百菌清、甲基硫菌灵等；杀线虫可选用克线丹、铁灭克等。

第二篇

城市绿地常见病害诊治

一串红花叶病

我国南北各地普遍发生，为一串红严重病害之一。

症 状 被害株叶面表现为浅绿与深绿相间的花叶，或黄与淡绿色斑驳状。叶变小，叶面不平，皱缩，质地变脆，甚至呈现蕨叶状，花枝变短，花朵小，花量少，植株明显矮小。

发病规律 病原为黄瓜花叶病毒、马铃薯Y病毒和烟草花叶病毒。黄瓜花叶病毒寄主广泛，可由多种蚜虫传播。一串红生长季节与蚜虫发生高峰是否一致，是该病严重与否的关键，在一串红生长期蚜虫大发生，则该病往往发生严重。

一串红花叶病，叶部症状Ⅰ

防治方法

(1)及时防治蚜虫等刺吸式口器害虫，同时清除一串红栽培区非目的的黄瓜花叶病毒寄主。

(2)经常检查，发现病株随即拔除销毁。

(3)加强栽培管理。一串红性不耐寒，忌霜害，不耐干热，好阳光充足。生长适温为20～25℃。喜肥，要求土壤排水良好。采种植株尽量早播。矮株型结籽少，宜扦插繁殖，于温室内留养越冬植株，春季剪取新茎扦插，开花早。以观花为目的的，可用当年播种植株长

一串红花叶病，叶部症状Ⅱ

一串红花叶病，花少而小

出的新茎进行扦插，但要注意防曝晒和水涝。当年新株要运用摘心来控制株形、株高和分枝数，一般真叶长出4片时，留2片叶摘心，定株后再根据所需高度和冠幅大小，摘心1～2次。花前注意追施磷肥。生长前期浇水可少，生长后期要保证水分供应，尤其是炎热夏季，更应及时浇水，防止下部叶片脱落。非留种植株应及时剪去开过的花序，以延长花期。

（4）病株不作采种用。

一品红褐斑病

福建、广东、广西、江西、河北等地都有分布，主要危害一品红叶片，造成叶片早落，枝条光秃，降低观赏价值。

症 状 感病叶片常在叶脉间的叶肉组织或者叶缘开始发病，病斑初为褐色小点，渐扩大为不规则形至长条形，黄褐至黑褐色。天气潮湿时，病斑表面长出黑色霉状物，即为病原菌的分生孢子梗和分生孢子。坏死的病斑卷曲变脆。

一品红褐斑病

大叶黄杨枯萎病，病死枝纵剖面

发病规律 病原为尾孢菌，属真菌。病原菌以菌丝体在病落叶上越冬，翌春温湿度适宜时产生分生孢子，借风雨等传播，自气孔侵入。生长季节多次进行再侵染。在北京地区4～8月较常见。一般老叶比嫩叶受害较重。冬季移入室内的盆栽植株，冬季可继续发病。

防治方法

（1）加强花圃管理。注意排水，合理剪截，枝条不要过密，增施有机肥。

（2）经常检查，及时扫除落叶，尤其是秋后，将其集中深埋。

（3）药剂防治。发病初期喷洒25%

络氨铜水剂、77%可杀得可湿性粉剂、1∶1∶100波尔多液，或75%百菌清可湿性粉剂800倍液、50%混杀硫悬浮剂500倍液、70%甲基硫菌灵超微可湿性粉剂1000倍液等，每10天喷1次，共喷2～3次。

大叶黄杨枯萎病

又名冬青卫矛枯萎病。河北、北京等地城市园林绿化区都有不同程度发生。危害大叶黄杨，造成全株死亡，妨碍绿化效果。

症　状　感病植株先从枝条上部叶片开始失水，叶面失去光泽而呈青枯状，继而整个枝条以至全株呈现青枯状，叶面不平，随着失水的严重和太阳照射，由青枯状变为黄白、黄褐色而全株死亡。病死株枝干皮下木质部表面有灰褐色至黄褐色纵条纹，枝干横切面维管束部有灰褐色、黄褐色坏死斑，纵切面则有灰褐色至黄褐色坏死纵条纹。

发病规律　病原为镰刀菌，属真菌。病原菌存在于土壤中，自根部伤口或直接侵入。零星分布于城市公园、街道两侧大叶黄杨绿篱，一般5、6月开始发病，7、8月蔓延迅速，植株很快死亡。常1～2丛、2～3丛黄杨青枯而死，死后渐变为黄白色，少见几米、十几米黄杨绿篱整段死亡的。

防治方法

（1）加强栽培管理。栽培绿篱前，要细致整地，捡净砖石块等建筑垃圾，石灰质多的要换好土。栽后注意施肥、浇水、保持土壤湿润，不要积水。园艺

大叶黄杨枯萎病，大叶黄杨绿篱中的病死株

作业时，避免根、茎部造成伤口。

(2)发现病株及时连根刨除，并在原处1～2m的范围内浇灌50%代森锌可湿性粉剂500倍液，浇药液量为5kg/m^2，或20%石灰水等，进行土壤消毒，3～5天后再于原处补栽无病健株。

山茶煤污病

又名山茶煤烟病、山茶烟霉病。山茶栽培区都有不同程度发生。烟霉覆盖于山茶等花木的叶片、枝条上，妨碍光合作用，并有损美观。

症 状 在山茶叶面或枝条上，覆盖一层灰黑色的煤污状菌苔，严重时可盖满整个叶片，有的菌苔层较厚，容易剥落，有的不易剥落。

发病规律 病原为真菌煤炱菌科和小煤炱菌科的一些种。病原菌的菌丝体在落叶上越冬，在南方子囊孢子和分生孢子亦可越冬，借风雨和昆虫传播，在整个生长季节不断滋生蔓延。刺吸式口器害虫发生多的植株，发病往往严重。阴湿凉爽，植株密度过大，通风透光不良的条件利于发病。暴雨冲刷，可使病害减轻。干旱高温不利于病害的发生发展。蚜虫等刺吸式口器害虫多的植株发病常重。

防治方法

(1)要及时防治蚜虫等刺吸式口器害虫。

(2)如当地有山苍子，可折其带叶枝条挂于山茶上，可使菌苔枯萎脱落，或将其枝叶果原汁加水20倍喷洒。

(3)在山茶无花期，往叶面上喷洒黄泥水，干后连同菌苔一起脱落。

(4)喷药防治。生长季节需要喷洒

大叶黄杨枯萎病，大叶黄杨绿篱中的病死株 II

山茶煤污病

五叶地锦叶枯病

0.3° Be石硫合剂，冬季喷洒3° Be石硫合剂等。

五叶地锦叶枯病

地锦栽培区都有发生，危害地锦等叶片，严重时造成叶片提前脱落，影响观赏。

症 状　发病初期叶片尖端或叶缘局部组织变黄，逐渐变为褐色枯死，不久扩展至整个尖端部位，呈现近半圆形褐色病斑，边缘颜色较深，病健组织交界明显。病斑可逐渐向叶片基部延伸，甚至整个叶片变为褐色，病部干枯后向叶面卷缩，焦枯脱落。

发病规律　病原为真菌，链隔孢。病原菌主要以菌丝体、分生孢子在病落叶上越冬，翌年地锦长出新叶后即开始侵染发病，从5～9月都可形成新的侵染，而以8、9月发病最重。高温、多雨、潮湿有利于病害的发生和蔓延。

防治方法

（1）加强栽培管理，增强抗病性。地锦耐旱、耐寒，向阳、阴处都能生长，对土壤及气候适应性较强，但以肥沃湿润的土壤环境对生长最为有利。播种、扦插、压条均可繁殖。移栽宜于落叶后进行，栽植时剪除过长藤蔓。干旱、炎热天气应予浇水，定植的1、2年生长季节追2～3次稀液肥，以加速植株生长，枝繁叶茂。

（2）秋后，清扫公园、绿地、庭院等处落叶，集中深埋或高温沤肥。

（3）发病初期喷洒1：0.7：200波尔多液等，每隔10～15天喷1次，连喷2～3次。必要时喷洒70%甲基硫菌灵可湿性粉剂800～1000倍液、90%疫霜灵1000倍液、40%多菌灵可湿性粉剂500倍液等。

日本夹竹桃花叶病

又名酒杯花花叶病。河北石家庄、北京市区有零星分布。危害日本夹竹桃等。

症 状　叶面产生不规则的褪绿黄斑，斑的大小不一，可相连成大斑或不相连，叶面不平，尤其是叶缘起伏似波浪状。7～8月间高温季节症状表现不明显。病株节间缩短。

发病规律　病原为病毒。病株全株带病毒，刺吸式口器昆虫传播。零

日本夹竹桃花叶病

星分布。

防治方法

（1）加强检疫。苗圃地发现病株后即拔除销毁。不调运、不购买、不栽植病株。

（2）不从病株上采集繁殖材料进行繁殖。

（3）栽培区注意防治蚜虫等刺吸式口器害虫。

月季白粉病

又名月月红白粉病、四季蔷薇白粉病。世界性的月季病害，我国各地均有不同程度的发生。99’昆明世界园艺博览会展区栽植的月季，据1999年7月下旬调查，发病株率95%以上，花被害率83%，对月季危害较大，严重时引起叶片早落、嫩梢枯死、花蕾畸形或不能开放。连年发病可严重削弱生长势。亦侵染玫瑰、蔷薇等。

症 状　侵染月季的叶片、叶柄、嫩梢、花器等。早春发病，嫩叶两面布满白色霉层，皱缩反卷、变厚，有时为紫红色，逐渐干枯。气温继续升高后叶片受侵染，初现褪绿黄斑，继而生出白色霉层，渐扩大为圆形或不规则形的白粉斑，严重时白粉斑连接成片。叶柄发病后，病部稍肿大，上被白粉层。嫩梢发病，病部亦稍肿大，节间缩短。花蕾受害，被覆白色霉层，萎缩，病轻时开出畸形花朵，严重时不能开花。

发病规律　病原为真菌，白尘粉孢霉。病菌主要以菌丝体在感病植株的休眠芽内越冬，有些地区可以子囊壳越冬，翌春以分生孢子或子囊孢子进行初次侵染，随风传播，自气门或皮孔侵入。温室栽培，周年发生，是翌春露地栽培的初侵染源之一。福建、广东、海南等冬季温暖的地区，露地栽培亦可周年发生。在石家庄、保定地区每年5～6月发病严重，7～9月总体较轻，但个别年份和地区亦很严重。在广州地区3～4月发病严重。一般夜间温度较低15～16℃、湿度较高90%～99%，有利于孢子的萌发和侵入；白天气温较高23～27℃、湿度较低40%～70%则有利于孢子的形成和释放。温暖湿润的环境利于该病的发生和流行，降雨过多则不利于病害发生。土壤氮肥过多，磷、钾肥缺乏时，易于发病。植株过密、通风透光不良发病常重。月季品种间抗病性差异较明显，一般光叶、多花、蔓生的品种较抗病，但抗病性常因病原菌产生新的生理小种而丧失；一般浅色花品种易感染该病。

月季白粉病，病叶

防治方法

（1）强化栽培管理，增强抗病性。月季喜光，喜温暖湿润气候。以肥沃、疏松、富含腐殖质、排水良好、pH值6～7的壤土为宜。夏季气温达30℃以上时进入半休眠状态。在北京地区9～10月间又出现开花高峰。适当增施磷、钾肥，氮肥不宜过多。浇水最好在晴天上午进行。修枝整形，掌握的原则是“花后短截，年年重剪”，即每次花落后将花朵以下2～3个芽剪去，留取壮芽，同时剪去病梢、病叶。秋季落叶后，在每个枝条基部留4～5个壮芽，上部剪去，施足底肥，浇足越冬水。早春特别注意检查，及时剪去病梢、病叶，并将其集中深埋，减少初侵染源。

（2）药剂防治。发病初期即喷洒药剂，可选用25%粉锈宁可湿性粉剂1500倍液、20%粉锈宁乳油2000倍液、70%甲基硫菌灵可湿性粉剂1000倍液、50%多硫悬浮液300倍液、75%百菌清可湿性粉剂600倍液或0.02%～0.03%高锰酸钾溶液等。每隔7～10天喷1次，连喷2～3次。在喷药前最好进行检查，将病梢、病叶剪下放入塑料袋内带至无寄主区深埋，然后喷药。控制白粉病的防治关键是春季放叶后仔细检查，剪除病芽、病叶，仔细喷洒第一次药（粉锈宁）。

月季黄化病

又名黄叶病。各碱性土壤区，尤以北方发生较多。多种花卉都可受害，轻者叶片黄白，长势弱，严重时新梢端部枯死。

症 状　新梢上部叶片脉间褪绿黄化，后逐渐变为淡黄白色，进而自叶

月季白粉病，微型月季被害状

月季白粉病，病花

月季黄化病，叶部症状

月季黄化病，左为病株，右为健株

缘、叶尖逐渐变褐枯死，而叶脉及其附近仍为绿色，病重植株顶芽枯死。植株下部叶片往往正常，愈往上部叶片褪绿黄化愈重，新梢端部表现最为严重。

发病规律 缺铁引起。一般土壤中不缺铁，如土壤碱性较大，则妨碍了根系对铁离子的吸收，而表现出黄化症。盐碱地、排水不良、黏重以及北方的背阴冷凉地，易出现该症。春季气温回升过快，新梢生长迅速，而土壤冷凉，地温回升慢，亦常导致黄化症状的出现。露地栽培月季，在雨季到来后症状常可缓解。

防治方法

(1)选择适宜土壤，是防治该病的根本措施。要选择疏松、肥沃、富含腐殖质、排水良好的壤土，pH值6～7为宜，避免选用pH值大于7的碱性土壤。花圃要能灌能排。

(2)叶面喷洒0.5%硫酸亚铁溶液或其他铁肥，每10天左右喷1次，共喷2次。亦可用1%的硫酸亚铁水溶液或其他铁肥根部浇灌。前者见效快，但效果不持久，后者见效较慢，但效果持久，可因地制宜选用。

月季黑斑病

又名月季褐斑病。是世界性的月季病害，各地均有发生。一般花圃的发病株率30%～80%，严重的达100%。感病后15天左右病叶即开始大量脱落，形成“光杆”，严重削弱生长势，甚至引起枝条枯死，影响花的产量和质量。尚危害玫瑰、黄刺玫、金樱子等。

症 状 主要侵染月季叶片，亦侵染叶柄、花器和嫩梢。危害叶片，最初叶面产生紫褐色小点，逐渐扩大成圆形、近圆形或不规则黑褐色病斑，直径2～12mm或更大，边缘有羽状菌丝向外呈放射状；后期，病斑上散生或轮状排列许多黑色疮状小点，严重时，病斑布满叶面。易感病品种，病斑周围组织，尤其是靠近叶片端部的组织大面积变黄，端部开始枯死，病叶很快脱落。较抗病的品种，叶上病斑常较少，病斑周围组织很少变黄，病叶一般也不脱落。叶柄、花梗和嫩梢感病，病斑多呈长椭圆形，稍隆起，紫褐至黑褐色，边缘无明显的放射性菌丝体。发生在花瓣上为紫红色小斑点，周围组织呈扭曲状。花萼上病斑多呈褐色圆形。

发病规律　病原为真菌，蔷薇放线孢。病原菌主要以菌丝体在寄主的病茎、芽鳞、病落叶上越冬，以分生孢子在病落叶上越冬。翌春，菌丝体产生的分生孢子和病落叶上的分生孢子为主要初次侵染来源。冬季温室带病植株是翌春露地栽培月季的传播中心。分生孢子主要借风雨和溅灌水的溅泼传播，昆虫和园艺工具亦可传播。病害的远距离传播主要靠病苗的调运。侵染的最适条件为19～21℃，叶面连续保持水滴。病菌分生孢子产生芽管，穿透角质层直接侵入寄主组织，潜育期10天左右。在北方，当雨季到来早，降雨量大而次数多，空气湿度大时，发病时间则早，而且蔓延快；反之则轻。在石家庄地区，一般5月中、下旬开始发病，6月下旬至9月为发病盛期，11月上中旬停止发展。晴天多雾，有露水、相对湿度在85%以上的地区和年份，沿海潮湿冷凉地，雨后闷热，植株过密，偏施氮肥、植株生长嫩弱，多次连续采用上方喷淋水灌溉等，发病往往严重。多雨地区，如冬季严寒，夏季炎热，可抑制病害流行。嫩叶较老叶易感病，叶龄在6～14天的最易感病。该病的流行和危害程度与月季品种关系密切。我国现有栽培品种虽抗病性有差异，但几乎全部感病。感病严重的品种有红旗、春、南海、香看、洛神、十全十美等；较抗病的有天粉纳、伊斯贝尔、葵花向阳、蓝月、黑千层、明星等；高度抗病的

月季黑斑病

月季黑斑病，易感病品种症状Ⅰ

月季黑斑病，易感病品种症状Ⅱ

有粉太平、白骑士、青连学士等。

防治方法

（1）秋后结合清园、防寒，彻底清除园内落叶，修剪病枝，集中园外销毁。早春发芽前对植株和地面喷洒1次3°Be石硫合剂或75%百菌清600倍液等，再于地面覆盖一层肥土，以减少初次侵染来源。生长期发现病叶、病梢及时摘除，减少再侵染源。花谢后及时剪除花梗。这些植株病残体都应集中销毁，不要遗弃在园内或花盆内。

（2）讲究浇水方法。采用滴灌或沟灌，直接将水浇入土壤内，尽量不要使用喷灌。如花圃使用喷灌，应于上午气温上升时进行。合理密植，保持株间通风透光。及时换土，除去老根、烂根，施足底肥，增施有机肥，叶面喷洒0.1%硼酸钠或0.1%硫酸锌，促进植株生长，增强抗病性并提高花的观赏效果。

（3）药剂防治。发病初期开始喷药，可选用75%百菌清1000倍液、嗪胺灵1000倍液、70%甲基硫菌灵、50%多菌灵等，每15天喷洒1次，连喷2～3次。

玉兰炭疽病

浙江、江苏、河南、河北等玉兰栽培区都有发生。危害玉兰的嫩叶、成叶及老叶。病叶易脱落，使树势衰弱。发病严重时新梢发得少，花少而小，妨碍观赏。

症 状　该病发生于叶片，常自叶尖或叶缘开始产生半圆形或不规则形病斑，或于叶面生近圆形病斑，初期呈水渍状，淡咖啡色，病斑正面密生许多黑色细小粒点，病斑大小不一，小的似黄豆，大的可蔓延达叶的1/4以上。病斑边缘有深褐色隆起线，与健部界限分明。

发病规律　病原为真菌，玉兰刺盘孢。病菌以菌丝体在落地病叶或树上病叶内越冬，翌春产生大量分生孢子，借风雨传播到寄主植株上，在水滴中孢子萌发，侵入叶部组织，引起发病。随菌丝体的不断扩展，病斑逐渐扩大，7、8月间出现黑色孢子盘（细小粒点），上面长出分生孢子，在生长季节进行多次再侵染，扩大病情。通常南方在多雨的梅雨和秋雨季发生较多。当植株缺水缺肥，叶片黄化，生长衰弱时易感染此病。北方盆栽玉兰往往由于水肥管理不当生长衰弱而发病较多。

玉兰炭疽病
初期病斑

防治方法

（1）加强水肥管理，增施有机肥，北方特别注意防寒，增强植株抗病力。

（2）及时剪除树上病叶，清扫地面病枯落叶，集中深埋，减少侵染来源。

（3）发病初期喷洒84.1%好宝多可湿性粉剂、77%可杀得可湿性粉剂或

1∶2∶200倍波尔多液等，每15天喷洒1次，共喷2～3次。以后视病情再选喷75%百菌清可湿性粉剂600～1000倍液、70%炭疽福美500倍液、65%代森锌可湿性粉剂500～800倍液、50%多菌灵可湿性粉剂1000倍液+75%百菌清可湿性粉剂800倍液、50%混杀硫悬浮剂500倍液、70%甲基硫菌灵超微可湿性粉剂1500倍液等。

石榴腐烂病

又名石榴烂皮病。我国南北各栽培区都有发生，而以北方较为常见。主要危害石榴的主干和主枝，造成干部皮层腐烂，妨碍生长，甚至枯死。

症 状　病原菌侵染石榴的主干和主枝，多见侵染主干。初期症状常较隐蔽，仅病部稍凹陷，水渍状，渐变为褐色至黄褐色。病部皮下腐烂，黄褐色，具酒糟味。病斑纵向扩展比横向扩展快，故病斑多为长条状或长椭圆形。后期病斑干缩凹陷，表面生有灰褐色钉头状突起的子座。后期空气潮湿时，子座顶端突破表皮，涌出黄褐色丝状孢子角。越年病斑病部皮层破裂。

发病规律　病原为真菌，壳囊孢。病原菌以菌丝体、分生孢子器在树体病组织中越冬，翌年3、4月产生分生孢子，借风雨或昆虫传播，自伤口或直接自皮孔侵入，以菌丝体在树皮和木质部之间扩展蔓延，菌丝体可侵入木质部。病斑多发生于主干西南方位上。早春至晚秋都可发生，以4～6月和8～9月较为适宜，高温对病害有抑制作用。植株遭受冻害、虫害、管理粗放、秋雨多、氮肥多，树体抗寒力降低，易引起发病。负载过量，土壤瘠薄，常使病害加重。

防治方法

（1）加强栽培管理，增强树势，是防治该病的根本。园林绿化栽植的石榴要改变粗放管理任其生长的旧习，注意增施有机肥，避免偏施氮肥。适时浇水、施肥、松土，适当疏花、疏果，保持合理负载量，做到生长和观花、观果两不误。

（2）避免和保护伤口。及时防治吉丁虫、透翅蛾、天牛等蛀干害虫，

石榴腐烂病

龙爪槐炭疽病

田间作业时避免碰伤树干，树干涂白，防止冻伤和日灼。涂白剂的配比可选用：①生石灰5：豆浆2：水20；②生石灰6：石硫合剂原液1：食盐1：水18。修剪口要平滑，并涂抹硫菌灵油膏或1%硫酸铜液等。

(3)经常检查，发现病斑要用利刃将其连同外围1cm的范围全部刮除，再涂40%福美胂50倍液、50%多菌灵可湿性粉剂40倍液、843康复剂等。

龙爪槐炭疽病

河北、北京、河南、山西等地城市园林、庭院栽植的龙爪槐都有发生。主要危害其叶片，严重时造成叶片枯黄早落。

症 状 感病叶片上生出近圆形病斑，中部淡褐色，边缘紫褐色，有轮纹。病斑常发生于叶缘和叶尖，每片叶上可有1至多个病斑，后期病斑上生有黑色小粒点，即为病原菌的分生孢子盘。

发病规律 病原为真菌，刺盘孢。病原菌在落地病叶内越冬，翌春产生分生孢子进行初侵染。在生长季节多次进行再侵染，以8、9月份发病较重。植株缺乏肥水，临近建筑物，太阳辐射过强，生长衰弱，发病常重。

防治方法

(1)入冬后彻底清扫地面落叶，集中深埋或高温沤肥。

(2)加强栽培管理，适时浇水、松土、施肥，增强树体抗病性。

(3)发病初期喷洒1：2：200波尔多液，每10～15天喷1次，共喷2～3次。亦可喷洒75%百菌清可湿性粉剂800倍液、50%混杀硫悬浮剂500倍液或70%甲基硫菌灵可湿性粉剂等。

仙人镜炭疽病

各仙人镜栽培区都有发生，致使茎节产生褐色斑，或大部腐烂。

症 状 被害植株茎节上产生圆形、近圆形病斑，直径2～10mm，多发生于茎节上或茎节边缘，病斑边缘褐色，中部灰白色，上生小黑点，呈轮纹状排列，潮湿时涌出橘红色黏质状孢子团。

发病规律 病原为胶孢炭疽菌，属真菌。病原菌以菌丝体在病部或随病残体在地面越冬，高温、高湿、多雨发病重。

防治方法

(1)注意栽培管理。仙人镜习性强健，耐干旱、瘠薄，喜砂质壤土，可用等份的壤土、腐叶土和粗砂配成。注意调节土壤水分，土壤湿润即可，防止积水。用茎节扦插繁殖。

仙人镜炭疽病

(2)发病初期茎节上仅有少数病斑时，可用利刃将病斑连同周围5mm左右健康组织挖除，伤口涂以1%硫酸铜液或50%多菌灵可湿性粉剂300倍液等消毒。病斑较多，且密集时，应将患病茎节切除，集中深埋，仅留健康部分再作扦插繁殖。

(3)面积较大、植株较多发病时，喷药防治，可选取用50%甲基硫菌灵可湿性粉剂800倍液、50%多硫悬浮剂500倍液、80%炭疽福美可湿性粉剂800倍液、75%百菌清可湿性粉剂600倍液、50%退菌特可湿性粉剂800倍液、50%敌菌灵可湿性粉剂500倍液等，注意药剂的混合和交替使用。

瓜叶菊轮纹斑病

又名瓜叶菊轮斑病、瓜叶菊黑斑病。北京地区公园、花圃都有发生，个别年份发病严重，甚至引起死亡。

症 状 主要在花期叶片上发生，多自下部叶片开始。发病初期，叶面出现水渍状小点，逐渐扩大成直径5～15mm的圆形、椭圆形病斑，暗褐色，中心部呈白色，具有同心轮纹。1个叶片上病斑可多达20～30个。病斑多生于大的叶脉间，后期病斑中央破裂。病斑可相互连接，形成大斑，使叶片变褐枯死。

发病规律 病原为真菌，链隔孢。病菌的菌丝体在病部越冬。翌年产生分生孢子，借气流传播。种子也可被病菌污染。下部叶片发病早而严重。温度高、湿度大、通风不良的环境易发病。

防治方法

(1)种子消毒。育苗种子用其重量0.1%的40%拌种双可湿性粉剂等拌种后再播种。

(2)生长季节发现病叶及时摘除，清除严重病株，集中深埋。

(3)露地摆放的盆花，密度不要太大，要保持适当距离，以利通风透光，降低株间湿度。

(4)喷洒农药。发病初期可选喷：50%特克多可湿性粉剂800倍液、50%代森锰锌可湿性粉剂500倍液、50%克菌丹可湿性粉剂500倍液等，每10～

瓜叶菊轮纹斑病

合欢枝枯病

15天喷1次，连喷2～3次。

合欢枝枯病

合欢栽培区都有不同程度发生，危害合欢枝条，造成枝条枯死。

症 状 主要侵染合欢、山合欢1～2年生枝条。被害枝皮层初呈暗灰色，后变为淡灰色或黄褐色，并在病部形成许多黑色小粒点，即为病原菌的分生孢子盘。发病后，病枝上叶片逐渐变黄脱落，枝条枯死。发病后期湿度大时，从分生孢子盘上涌出大量黑色短柱状分生孢子，湿度更高时则形成黑色长圆形分生孢子团块。

发病规律 病原为真菌，黑盘孢。病原菌以菌丝体、分生孢子盘在病部越冬，翌春在适宜温湿度条件下产生分生孢子，借风雨或昆虫传播，自伤口侵入。该病菌为弱寄生菌，树势衰弱以及大树下部枝条易感病。

防治方法

(1)加强栽培管理，增强树势。合欢为强阳性树种，应栽植于地势开阔有充足光照的地方，密度不宜过大，对树冠下部自然整枝枯死的枝条要及时剪除，剪口要平滑，以利愈合。园林、绿地、街道旁栽植的合欢，要留有足够的树盘，以便浇水、施肥、松土。

(2)发现病枝及时剪除深埋。

(3)及时防治天牛、吉丁虫等害虫。

(4)发病严重时，可于树木发芽前喷洒3～5°Be石硫合剂等保护剂。

含笑枝枯病

河北等含笑栽培、引种区都有发生。危害含笑枝条，造成枯死，妨碍开花和观赏。

症 状 多侵染含笑枝条分杈处，发病初期病斑不明显，后期病斑颜色逐渐加深呈暗褐色，干枯略下陷，有时微有裂缝，但病部皮层仍不易脱

含笑枝枯病 I

落。秋后，病斑上可见散生的小黑点。

发病规律　病原为真菌，拟茎点霉。病原菌以菌丝体和分生孢子器在病部越冬。翌春温湿度适宜时，分生孢子器产生分生孢子进行新的侵染，菌丝体可在病部继续蔓延危害。多自伤口侵入。多雨高温有利于病害的发生和流行。遭受冻害、虫害、冰雹害、机械损伤多时，发病常重。

防治方法

(1)加强花圃管理，增施有机肥，特别是磷钾肥，注意防冻除虫，防止产生各种伤口，促进健壮生长，增强抗病性。

(2)结合花后修剪，认真剪除枯枝、病死枝；生长季节发现病枝亦应随即剪除，都应携出花圃外，集中销毁。

含笑枝枯病 II

(3)病重花圃，可于3～4月间喷洒50%退菌特可湿性粉剂700倍液等。

李袋果病

李栽培区都有不同程度的发生。主要危害李、豆樱、黑刺李、短柄樱桃、樱桃李、山樱桃、郁李等。

症 状　主要侵染寄主的果实，亦侵染枝梢和叶片。病果畸变，中空如囊，故得名。该病在落花后即显症，初呈圆形或袋状，后变狭长略弯曲，病果表面平滑，浅黄至红色，失水皱缩后变为灰色、暗褐色至黑色，冬季宿留树枝上或脱落。病果无核，仅能见到未发育好的雏形核。叶片染病，在展叶期变为黄色或红色，叶面肿胀皱缩不平，变脆。枝梢染病呈灰色，略肿胀，组织松软。5、6月份病果、病叶、病枝梢表面生出白色粉状物，即为病原菌的裸生子囊层。后病叶变褐、干枯脱落。叶片脱落后，腋芽常萌发生出新叶，因此时温度较高，不利于病菌侵入，所以新叶不再受害。病枝秋后枯死，翌年在枯枝下方生出的新枝易发病。

发病规律　病原为李外囊菌，属真菌。病原菌以子囊孢子和厚壁芽孢子在树上病果、落地病果、芽鳞片上、芽鳞缝里或枝干病皮中越冬或越夏。翌春越冬孢子萌发，产生芽管直接穿透寄主组织的表皮，或经皮孔、气孔侵入，进行初侵染，叶片展开前后多次再侵染。6月温度升高后，逐渐停止侵染。夏季高温，不适于孢子萌发，所以1年

李袋果病，冬季挂在树上的僵果 Ⅰ

李袋果病，冬季挂在树上的僵果 Ⅱ

只侵染1次。该病的发生和流行与气候条件密切相关。春季低温高湿利于发病，尤其是早春李树萌芽展叶开花期，如连续降雨，气温10～16℃发病更重。而气温上升到21℃又较干燥的地区，发病则轻。一般低洼潮湿地、江河沿岸、湖畔淀洼旁的李园发病常重；早熟品种较中、晚熟品种发病重。

防治方法

（1）加强李园管理。注意园内通风透光，栽植不要过密。合理施肥、浇水，增强树体抗病能力。严重发生地区，注意选栽抗病品种。

（2）搞好李园卫生。在病叶、病果、病枝梢表面尚未形成白色粉状层前及时摘除，集中深埋。冬季结合修剪等管理。剪除病枝，摘除宿留树上的病果，集中深埋。

（3）药剂防治。自李芽开始膨大至露红期，周密细致的喷药，以铲除越冬菌源，减轻发病。可选用1∶1∶100波尔多液、77%可杀得可湿性粉剂、30%绿得保胶悬剂400～500倍液、45%晶体石硫合剂30倍液、4～5°Be石硫合剂、50000单位井冈霉素水剂500倍液、50%苯菌灵可湿性粉剂1500倍液等，每10～15天喷1次，连喷2～3次。

杨溃疡病

分布于河北、陕西、江苏、天津、安徽、吉林、北京、河南、辽宁、山西、山东、上海等。

症 状 危害杨、柳、核桃、刺槐、苹果、梧桐等的苗木和大树的干部和主枝。初期在皮孔边缘形成小泡状溃疡斑，圆形，极小。随后，小泡变大鼓起，大小不等，泡内充满褐色液体，破裂后液体流出，遇空气变为铁锈色。继而病斑干缩下陷，中间有一纵裂小缝。后期病斑上有针头状小黑点，即为病原菌的分生孢子器。秋季在病斑上形成子囊腔。一般光皮树种水泡明显，粗皮树种仅皮下变褐、腐烂，可流出铁锈色液体。

发病规律 病原为真菌，聚生小穴壳。病菌在枝干的病斑内越冬，翌春产生分生孢子器和分生孢子，为主要侵染源。子囊孢子在侵染中远不如分生孢子重要。潜育期10～30天。分生孢子成活期60～90天，萌发适温13～38℃。河北4月上旬开始发病，长江流域3月下旬开始发病。发病高峰期，河北5月底至6月，长江流域4～5月，随后减缓，9～10月稍有发展，随后停止。冬季温度高，发病早，反之则迟。土壤瘠薄、干旱缺水、缓苗期的移植苗、树势弱的发病重。加杨、沙兰杨、健杨、波兰15A、Ⅰ－214抗病，而大官杨、北京杨、青杨等发病重。同一病株，阳面病斑较阴面多。

杨溃疡病，A.水疱；B.水疱破裂流出锈色液体；C.后期的溃疡斑

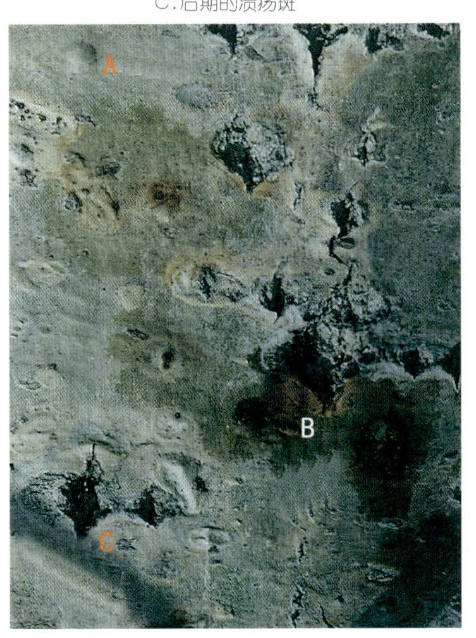

防治方法

(1)选栽抗病树种，适时浇水、施肥、松土，增强树势是根本。

(2)调入苗木时认真检查，不用徒长苗、病虫苗和重茬地培育的苗木。

(3)起苗后及时假植、运输、栽植，减少定植前的水分散失。栽后立即浇水，缩短缓苗期。或起苗后在水中浸泡24小时，栽前根部蘸生根粉。

(4)在发病高峰4～5月及8月初，主干上喷洒2∶2∶100波尔多液或30%福美胂40倍液、40%多菌灵50倍液、70%甲基硫菌灵100倍液。发现病斑后，树干涂抹浓度为10%的碱水(碳酸钠)。

杨腐烂病

又名烂皮病。分布于三北地区和山东、江苏、安徽等。危害多种树木，可致其干腐或枯梢，甚至整株死亡。

症　状 危害各种杨树，以及旱柳、榆、板栗、槭、樱、桑、接骨木、木槿、花楸等，表现为干腐和枯梢。干腐型主要发生在主干、大枝及树干分叉处。初期为暗褐色水肿状斑，皮层腐烂变软，后失水干缩下陷，有时龟裂，病斑有明显的黑褐色边缘。当病斑绕树干一周时，病斑以上部分死亡。皮层腐烂后，纤维分离如麻状，易剥离，木质部边材亦变色。以后病斑上生出针头状小黑点，即病原的分生孢子器。潮湿或雨后，自小黑点内挤出橘黄色、黄色或橙黄

杨腐烂病，黑色小点为分生孢子器

杨腐烂病，分生孢子角

色胶质卷丝状物或胶质堆状物，即为病原的分生孢子角。在前一年死枝的病部常形成一些小黑点，为病原菌的子囊壳。枯梢型是小枝发病，迅速枯死，无明显溃疡症状。

发病规律 病原为真菌，金黄壳囊孢。病菌以子囊壳、分生孢子器、菌丝体在寄主病部越冬。分生孢子器4～9月均能形成，以5～6月产生最多。分生孢子角5月中旬大量产生，雨后或潮湿天气更多。分生孢子借风、雨、昆虫传播，自伤口或组织侵入。有性世代在前一年的死枝上常见，在冀中平原病枝上子囊壳成熟期在5月以后，子囊孢子在雨后大量散放，靠风力传播，从伤口侵入，过冬后显症状。该病只侵害生长衰弱的树木，行道树、防护林、人工林发病常严重。其发生与树种、树龄、密度、方位等有密切关系。银白杨、胡杨最抗病，箭杆杨、小叶杨、加杨、钻天杨较抗病，北京杨、多倍体毛白杨、唐柳、小青杨易感病。移植后缓苗慢的受害重。郁闭度0.7以下的片林、被压木、城市防护林的边行，受冻害、干旱、风沙、冰雹等危害生长势弱的树木易发病。

防治方法

（1）增强树势是根本措施。注意选栽抗病、抗寒、耐旱品系。不在

杨腐烂病，分生孢子聚集成胶堆状

坡梁沙地、盐碱地栽杨树。栽后及时浇水、施肥。修枝做到勤、弱、合理、适时，剪口平滑。

(2)及时清除生长弱的树木及重病株，修下的树枝要清理运走。

(3)病后治疗。用刀划破病斑，喷涂10%双效灵10倍液或10%碱水(碳酸钠)、843康复剂3倍液、50%琥珀酸铜10倍液、10%蒽油乳剂、0.1%升汞液、5°Be石硫合剂等。

花木药害，竹蕉嫩叶受害变为苍白色，成叶扭曲

花木药害

各地均可发生，可危害各种花草树木。轻则可致植株、叶面、花冠、嫩茎、果实上出现黑色、黄褐色、灰白色等不同颜色的斑点，重则出现大量落叶、落果，甚至全株萎蔫死亡。

症状与病原　施用农药防治病虫害时，如下情况可引起花卉药害：施用方法不当，药剂喷布或埋施、浇灌不匀，造成局部药液浓度过大，或者喷布时，药液浓度过大，或埋施、浇灌药液时用量过大，超过了花卉所能承受的生理极限；药剂配制不当，如药液不匀，施用后接触植物体表面浓度不均；施药时机不当，在高温条件下喷施农药；农药质量低劣，如含的杂质过多，如使用纯度低于90%的硫酸铜；用了不该用的药剂，如使用家庭卫生杀蚊蝇用的气雾剂喷在花卉上；花卉种（品种）间耐药性不同，有的花卉，如桃花对某些农药敏感，易产生药害等。不同的花卉产生药害后表现有所不同，通常有如下症状：肉质、草本花卉受害，一般叶片上1～2天内出现大片不规则形淡褐色失绿斑，叶片很快变褐枯死脱落。进而殃及茎部，致使茎上部变为黑色皱缩，向下蔓延迅速，全株很快死亡，根亦腐烂；木本花卉受害，叶片上可出现黄褐色或黑色不规则形斑；有的叶片上出现白色、灰白色褪绿斑，不规则形；嫩茎上出现黑褐色或灰白色长条形斑；花蕾、花瓣上出现圆形或不规则形黄褐色或灰白色、黑色大小不一的斑。

发病规律　施药时气温愈高，高温持续的时间愈长，药剂浓度愈大、用药量愈大、植物组织愈幼嫩，受药害的程度愈大，损失愈严重。一般木本花卉比草本花卉尤其是肉质草本花卉较耐药。同1种花卉，成龄、老龄比幼龄期较耐药。一般产生药害后虽大量喷淋清水，

花木药害，竹节海棠顶芽枯死

花木药害，双色茉莉嫩茎、叶片被害状

花木药害，月季叶片被害状

花木药害，仙人指茎茎节枯死

但常不能使症状逆转。

防治方法

(1)严格按照农药使用说明书上规定的施用对象、使用方法和配制浓度施药，不要任意提高或降低使用浓度，浓度高了易产生药害还浪费农药，造成环境污染；浓度低了不能达到防病治虫的目的，还易使病虫害产生抗药性。

(2)掌握好施药时间。一般应于天气晴朗的上午10：00前、下午16：00后进行喷洒，不要在炎热的10：00～16：00喷药，也不要在阴雨天、雾天喷药。

(3)配制药液时要搅拌均匀，并要均匀喷洒于植物体上。

花木药害，竹节海棠茎萎缩死亡

(4)施药后如发生药害，可迅速喷洒、浇灌清水，以缓解病情。

花木盐害

凡冬季雪大路面雪厚，为了防滑洒食盐（NaCl）水溶雪的城市道路两侧的树木都易发生。据在河北石家庄、北京调查，大叶黄杨、油松、紫薇、紫叶李、侧柏、毛白杨等都易受害而叶片脱落，小枝枯死，生长极度衰弱，甚至全株死亡。石家庄裕华路中段的黄杨绿篱，因受盐害整段死亡。路两侧绿化带、绿地内树木的盐害，已成为当前北方城市绿化中的一个重要问题。在道路上洒盐水溶雪伤害花木的直接原因：一是盐雪水由道路或路牙的缝隙中渗透到树木的根系处；二是汽车行驶将盐雪水或盐雪轧溅到附近的树体上或树木根部土壤；三是清扫路面雪人员将盐雪顺便清除到路边树下或堆放在绿地内；四是也有作业时直接将盐水洒到树体上的。因而使土壤中含盐量过多，渗透压增大，妨碍根系吸水，造成生理干旱而死亡；另一方面，盐对花木的根、茎、叶还有毒害作用。

症 状　翌春花木开始发芽吐绿后即开始表现症状，一般阔叶树比针叶树表现快。阔叶树如路边的黄杨绿篱，严重的叶片脱落，小枝由绿色变为灰褐色，不能发芽，表皮粗糙不光滑，根系变褐枯死；受害轻时上部能吐出新叶，但下部枝叶枯死。紫薇受害，重者不能发芽，皮层皱缩，全株枯死，轻者上部虽能发芽，但下部树条枯死，花量明显减少。侧柏受害后针叶很快由绿变为苍白色，很快枯死。油松受害后，轻者枝条前端针叶枯黄一半，重者全部针叶枯黄而死。盐害与寄生性病原引起的病害在症状表现上的明显区别是：一是突发性，受害花木在短时间内突然大量枯死，不象寄生性病原引起花木死亡有个发生、发展的过程；二是地段性，在某一段道路两侧的绿篱、树木都不同程度受害；三是发病路段，在冬雪日有洒盐水史。

花木盐害，城市道边大叶黄杨绿篱被害后枝条枯死、断带状

发病规律　一般冬季雪日洒盐水的浓度越高，次数越多，对花木的危害性越大。道路同一侧的花木，临近快车道的比远离快车道的受害重。大地解冻后，很快大量用水浇灌花木的，比不浇水、少浇水的受害轻。

防治方法

(1)根本措施是改进清雪、溶雪方法，最好用机械的或物理的清雪、溶雪方法，不要采用洒盐水法，以减免对环境的污染。可撒施“绿邦”等环保型溶雪剂，不会伤害花木和污染环境。

(2)建立严格的清理路面积雪责任制，谁门前的积雪谁用人工方法及时清理。

(3)如只能用洒盐水法溶雪，可于洒盐水时加强管理，在道路两旁设档盐雪板，防止盐雪水溅到花木上；清理的盐雪要及时运走，禁止将其堆积在路边绿化区内。

(4)如花木已受盐污染要迅速用清水冲洗和浇灌，并加强花木养护，增施有机肥，浇足返青水，以减轻灾害，尽快恢复长势。

花木霜冻害

各地都可发生，以北方多见。

症 状　霜冻是指温度下降到一定临界值使花木在生长期受到冻害的现象，霜冻常伴随寒流而发生。霜冻主要发生在春季，对露地播种的草花、发芽早的木本花卉危害较大。秋季的早霜冻对河北承德及张家口，山西雁北、吕梁，宁夏，甘肃，内蒙古，

花木霜冻害，君迁子苗被早霜危害状

辽宁，吉林，黑龙江的晚秋生长的花木也有一定的危害。霜冻可使叶缘、叶片、嫩梢被冻死、焦枯；花木没有展开的嫩叶叶缘被冻伤，待叶生长后，叶片呈皱缩状不能展开，形成皱叶，这种皱叶，不同于病毒引起的一些花木(如苹果)的皱叶病，后者虽为皱叶但叶缘完整，而霜冻引起的皱叶叶缘不完整；秋季徒长没有木质化的花木可被整株冻死。

发病规律 春季霜冻来的愈晚、秋季早霜冻来的愈早，温度愈低，持续时间愈长，对花木的伤害愈大。地势高低与受害轻重亦有一定关系，一般“春冻梁，秋冻洼”。

花木霜冻害，玉兰嫩
被害，展开后皱缩状

防治方法

（1）注意天气预报，大片花木栽培区在可能发生霜冻的前夕，在其上风头堆放柴草放烟，使烟雾笼罩花木区，可减轻灾害。

（2）在霜冻到来之前，将可移动

花木霜冻害，紫茉莉被早霜危害状

花木霜冻害，五叶地锦嫩叶被害，展开后叶片皱缩状

花椒褐斑病

的花木搬到安全区存放。

(3)发展设施花卉业，减少天气变化对花木的影响。

(4)受霜冻后加强水肥管理，尽快恢复长势。

花椒褐斑病

分布于河北、河南、山西、四川、广西、台湾、广东、贵州等地。危害花椒和光叶花椒的叶，发病严重时叶片提前脱落，严重影响花椒的产量和质量。

症 状　感病初期，叶面发生圆形水渍状小黄点，边缘不清晰，与其相对应的叶背面呈现褪绿斑。病斑扩大后，呈淡褐色近圆形或不规则形，中央颜色较深，边缘不明显，大小为3～11mm；与正面病斑相对应的叶背面有深灰色绒状霉层，主脉附近的霉层常多而密。几个病斑可相连成大斑，导致叶片枯黄早落，发病严重年份，8月中、下旬叶片可基本落光。

发病规律　病原为真菌，花椒尾孢。病原菌主要以菌丝体、子座在病落叶上越冬，翌春产生分生孢子于5月上、中旬开始侵染。菌丝体生长温度6～35℃，最适温度20～30℃。潜育期17～33天。生长期内进行多次再侵染。适宜的温度和湿度是提高分生孢子产生量的决定性因素，高温可抑制分生孢子的产生。分生孢子在1年内有2个扩散高峰，形成2个发病高峰期，分别在5月下旬至6月上旬和8月上旬至8月下旬。一般树冠下部叶片先发病，逐渐向上部叶片蔓延。

防治方法

(1)加强水肥土管理，增强树势，提高抗病力。花椒喜阳光，耐干旱，根系发达。要根据其生物学特性，在其营养生长、生长和结实、盛果、结果和衰老、干枯与生长等5个不同的生育期，采取不同的修剪和栽培管理措施，增加开花结实量，增强生活力。

(2)秋后彻底清扫落叶，集中深埋或高温沤肥，并耕翻园地，将病残落叶翻埋入土。

(3)发病初期喷洒1∶1∶100波尔

多液、77%可杀得可湿性粉剂、25%络氨铜水剂、35%碱式硫酸铜悬浮剂、84.1%好宝多可湿性粉剂、56%靠山水分散粒剂等，或喷洒70%甲基硫菌灵超微可湿性粉剂1000倍液、50%多菌灵可湿性粉剂800倍液等，每10～15天喷1次，视病情共喷2～3次。立秋前后再喷1次，效果更佳。

牡丹褐斑病

又名洛阳花褐斑病、木芍药褐斑病。分布于北京、河北、河南、四川、安徽、贵州、湖南、上海、江苏、浙江等地，危害牡丹叶片，严重时病斑布满叶面，直至枯死，为牡丹的重要病害。

症　状　感病叶片开始产生大小不等的苍白色圆形斑点，直径一般3～7mm。1个叶片上的病斑数，少则2～3个，多则20～30个。后病斑逐渐扩大，呈褐色至黑褐色，邻近病斑可连接成不规则形大斑，严重时整个叶面布满病斑，以致枯死。后期病斑正面生出细小黑点组成同心轮状纹，在手持放大镜下，小黑点呈绒毛状。叶背面病斑暗褐色，轮纹不明显。

发病规律　病原为变色尾孢菌，属真菌。病菌以菌丝体和分生孢子在病落叶和其他带病组织中越冬，是翌年初侵染的主要来源。翌年分生孢子借风雨传播蔓延，自伤口或气孔侵入。一般多于7～9月发病。沿海地区在台风季节，由于雨水多，植株伤口多，发病往往严重。花后放松管理，植株

牡丹褐斑病，城市公园内牡丹圃大面积发病状

牡丹褐斑病，牡丹品种间抗病性有差异，左上较抗病，右下感病

牡丹褐斑病，叶被害状

生长衰弱，水、肥失调，发病常重，多自下部叶片开始发病。

防治方法

（1）加强栽培管理，增强抗病性。牡丹为肉质根，喜光，喜凉爽干燥，畏湿恶热，忌积水，潮湿则易烂根。栽植地要选择疏松、肥沃、深厚的壤土或砂质壤土，地势高燥，排水良好，中性或微酸、微碱均可。避免盐碱土和黏重土壤。栽植前要修剪苗根，剪去病根及折损根，再用0.1%硫酸铜液或5%石灰水浸泡0.5～1小时消毒，取出用清水洗净后即可栽植。栽植时间以9～10月最好，栽后伤口易愈合，易生根，翌年即可开花。盆栽时，盆底要用粗砂填充为排水层，以防积水。根系要舒展，覆土要压实。牡丹喜肥，一年至少施肥3次，即花前肥、花后肥和越冬肥。施肥以腐熟有机肥为主，注意增施磷钾肥。日常管理除定时施肥、旱时浇水，注意雨后排除积水，还应做好定干、修枝、疏蕾、除芽等工作。同时搞好环境卫生、及时摘除病叶，秋后彻底清除病残株及落叶，集中深埋；注意排水，避免过湿，改善植株通风透光条件，促进花繁叶茂，健壮生长。

（2）药剂防治。发病初期选喷：84.1%好宝多可湿性粉剂、50%硫悬乳剂500倍液、50%混杀硫悬浮剂500倍液、77%可杀得可湿性粉剂500倍液、70%甲基硫菌灵超微可湿性粉剂1000倍液，7～10天1次，共喷2～3次。

迎春丛枝病

发现于江苏无锡市太湖湖滨一些公园内，发病严重的迎春绿化段，发病株率可达10%，使植株矮小，花少，呈丛生状，大大降低观赏价值。有蔓延的趋势。

症 状　病株矮小，节间缩短，腋芽早发，抽出的枝条呈丛生状，当年生长量较正常枝明显减少。叶小，叶柄短，花小而量少。

发病规律　病原为植物菌原体。全株带病，病株均为全株显症。可借扦插、压条、分株法繁殖而传播。远距离传播主要靠带病苗木的运输。病株田间分布常呈团状，某一片病株较多，可能为根部接触传染或昆虫、土

迎春丛枝病 I

迎春丛枝病 II

壤线虫等传染。

防治方法

(1)加强产地检疫和调运检疫。生长季节在苗圃地经常检查，发现病株即行拔除销毁，不引进、调运病苗，严防扩散蔓延。

(2)从无病健株上采集插穗扦插和进行压条、分根繁殖。不自病株上采集繁殖材料。

鸡冠花灰斑病

又名鸡冠花斑点病。鸡冠花栽培区都有不同程度发生，危害鸡冠花叶片，造成叶片病斑累累，妨碍生长和观赏 。

症 状 叶片上病斑圆形、近圆形或不规则形，其直径大小从1～2mm、5～8mm不等，中间灰白色，边缘红褐色，后期病斑上生淡黑色霉点，常破裂形成穿孔。

发病规律 病原为真菌，青葙尾孢。病原菌以菌丝体及分生孢子随病残体在地面越冬。翌年在适宜的温湿度条件下，产生分生孢子，借风雨传播进行新的侵染，引起发病。生长季节多次产生大量分生孢子进行再侵染，扩大灾情。

防治方法

(1)强化栽培管理，增强抗病性。鸡冠花喜干热气候，在阳光充足、肥沃而排水良好的土壤中生长良好，适应性较强。如土壤瘠薄，通透性差则生长不良。忌霜冻、沥涝和阴湿。种子

鸡冠花灰斑病

繁殖，露地栽植或盆栽均可。可种植于地势高燥、阳光充足的地方，如土质较差亦无妨。生长期内注意松土锄草，一般可不施肥浇水，特别是苗期不要施肥，以免促发侧枝，影响主茎发育。盆栽从小控制水肥，多受阳光，中后期加施磷、钾肥。

（2）搞好花园、苗圃卫生。秋后连根拔除，清除地面茎叶残体，集中深埋 。

（3）发病初期喷药防治，可选用：50%多菌灵可湿性粉剂600倍液、65%代森锌可湿性粉剂600倍液、50%甲基硫菌灵可湿性粉剂700倍液、50%混杀硫悬浮剂500倍液、50%苯菌灵可湿性粉剂1000～1500倍液、40%多硫悬浮剂800倍液等，隔10～15天喷1次，视病情连续喷洒2～3次。

鸡冠花病毒病

分布于河北、河南、北京等地。鸡冠花全株发病，降低观赏价值。

症 状 全株性病害，病株较正常株矮小，叶间短，叶片出现褪绿斑驳，叶面不平而皱缩，花穗短小，花量少。

发病规律 黄瓜花叶病毒引起。病株在花圃常为小型点、块状分布。棉蚜和桃蚜为传毒介体。一般蚜虫多，又毗邻已感染花叶病的大丽花、百日草、百合等花卉的发病常重。

防治方法

（1）发现病株及时拔除深埋。

（2）及时防治蚜虫等刺吸式口器害

鸡冠花病毒病

刺槐白粉病

刺槐白粉病，后期白粉层中黑色小点（子囊壳）

虫；消灭田间杂草。

（3）不自病株上采种。

刺槐白粉病

北京、河北、河南、江苏、安徽等刺槐栽培区都有不同程度的发生。危害刺槐的叶片，降低光合作用，妨碍生长。

症　状　被害叶片上初期散生点状白粉斑，后白粉层逐渐增多并扩大连片，甚至布满整个叶面，这些白粉层即病原菌的菌丝体和分生孢子。发病后期，白粉层中出现黄褐色至黑褐色小粒点，即病原菌的子囊壳，严重时叶片早落。叶片的正面和背面都生有白粉层和子囊壳。

发病规律　病原为叉丝白粉菌，属真菌。病原菌以子囊壳在病落叶上越冬，翌年4、5月产生子囊孢子，经气流传播至叶面上，萌发后自气孔侵入，进行初侵染。生长季节产生分生孢子，多次再侵染，病斑逐渐扩展。干旱的年份，有大树遮荫、光照不良的环境发病常重。

防治方法

（1）刺槐为阳性树种，喜光照，应栽于开阔、光照好的地方，不要栽于大树下。

（2）加强管理，秋后认真清扫落叶，集中深埋。

（3）发病初期喷洒1：1：100波尔多液或0.3～0.5°Be石硫合剂，或选喷15%粉锈宁可湿性粉剂400倍液、15%羟锈宁可湿性粉剂500倍液等。

枣梢枯病

河北、安徽等地有发现，危害赞皇大枣、阜平大枣等大枣的当年生营

枣梢枯病 Ⅰ

枣梢枯病 II

养枝嫩梢，有时亦危害结果枝。常造成枝条枝死，影响当年生长量和树冠的扩大。

症 状 当年生新梢被侵染后先生变色病斑，病斑不断扩大，致使嫩梢萎蔫。后期病斑黑褐色，病梢失水枯死，上生纺锤形至椭圆形小突起并开裂。新梢染病枯死时如较短，则直立；如枯死时较长，常弯曲成半环状、环状。翌春在潮湿条件下，自纺锤形或圆形裂口中挤出乳白色卷丝状分生孢子角。

发病规律 病原为真菌，壳梭孢。病原菌以菌丝体或分生孢子在病组织中越冬，翌年分生孢子借风雨或昆虫传播，自嫩梢上的皮孔或伤口侵入。幼树、大树均可受害，但以树势弱的发病重。一株树上常多个枝条发病。

防治方法

（1）加强栽培管理，增强树势。增施有机肥，注意防涝抗旱，及时防治龟蜡蚧、煤污病等病虫害。

（2）经常检查，发现病枝及时剪除，集中带出园外深埋。

（3）早春枣树发芽前喷洒5°Be石硫合剂1次，嫩梢抽出后视病情喷洒25%络氨铜水剂或70%甲基硫菌灵可湿性粉剂等2～3次，每次相隔10～15天。

爬山虎褐斑病

北京、河北、天津等地有分布，危害爬山虎、五叶地锦等的叶片。

症 状 受害叶片上出现圆至椭圆形褐色病斑，直径3～8mm，边缘暗紫褐色，潮湿条件下，在叶背面病斑处生出墨绿色绒毛层，每个叶片上可生出1至多个病斑。

发病规律 病原为真菌，芽枝霉。病原菌的菌丝体和分生孢子在病落叶上越冬，翌春产生分生孢子，借

爬山虎褐斑病

风雨传播，形成新的侵染。建筑物墙壁上的爬山虎，以下部叶片发病较多，上部较少。一般发病较轻。严重时造成叶片早落。

防治方法

(1)入冬落叶后，彻底清除挂在树上的和落地的枯叶，集中深埋或高温沤肥，减少初侵染来源。

(2)发病严重时喷药防治，可选用50%硫菌灵可湿性粉剂600～1000倍液、50%农利灵可湿性粉剂800倍液等。

柿圆斑病

又名柿子烘。河南、河北、山东、江苏、山西、陕西、四川、浙江等地都有发生，危害牛心柿、磨盘柿、君迁子等的叶片及柿蒂，果实有时亦受害。

症 状 病叶上生出圆形深褐色病斑，周缘黑色，外围有黄绿色晕圈，后期病叶变为红色。柿蒂上病斑圆形、褐色。果实上病斑黄色至红色。

柿圆斑病

发病规律 病原为柿叶球腔菌，属真菌。病原菌以未成熟的子囊壳在病叶上越冬。在自然状态下不产生分生孢子，故没有再侵染。土壤瘠薄，树势衰弱，上年发病重，柿树与君迁子混栽等，发病常较重。

防治方法

(1)冬季至早春，在大面积范围内彻底清除地面落叶、树上枯枝、柿蒂，集中深埋，是防治该病的根本性措施。

(2)柿树不要与君迁子混栽。

(3)喷药防治。于柿树落花后，子囊孢子散发侵染前选喷1:5:500波尔多液、77%可杀得或36%甲基硫菌灵悬浮剂400倍液等，每10～15天喷1次，连喷2～3次。

树木地面硬化综合症

我国南、北各地城镇对地面进行不合理硬化的公园、绿地和街道两侧树木时有发生，轻者造成树木生长不

树木地面硬化综合症，
医院大门口地面硬化，雪松生长不良

树木地面硬化综合症，动物园内地面硬化后板栗（左）在炎热的夏季枯萎状

良，重者导致整株枯死。几乎所有的针阔叶树都可受害，是目前公园和绿化区较普遍存在的一个问题。

症状和病原　在城市、乡镇的公园、动物园、游乐场内以及公路、街道两旁的绿化树木，由于经营管理者片面追求对地面进行硬化处理，而没有给在这些地方栽植的树木留有必须的裸露地面；或者虽未进行地面硬化处理，但在树冠下游人行走及开展体育锻炼、停放车辆等，活动频繁，将裸土地面踏得很实，以至于水分无法渗透到土壤中去满足树木的需求，长期缺水、缺肥，土壤紧密不透气，根系缺氧，导致树木生长不良，表现为：枝叶稀疏，萎黄；枯梢；新梢生长量明显减少，树冠增大缓慢，甚至逐年减小；夏季高温季节树木常生非侵染性枯萎病；诱发腐烂病、溃疡病，这在杨、柳、核桃等树上较常见，板栗树干则生疫病；由于树势衰弱，引发吉丁虫、小蠹虫、天牛（如双条线天牛）等害虫以及立木腐朽病等的侵染和危害，侧柏、油松、白皮松、雪松等表现较明显；严重时根系腐烂，全株死亡。

发病规律　地面硬化的时间越长，地面硬化后树干周围留的裸土树坑越小，该病症状表现越严重，天气久旱加上浇水不足加重病情，甚至使树木在高温干旱季节死亡。

防治方法

(1)增强生态环境保护观念，在进行公园、游乐场、道路等公益性建设时，要全面规划，科学论证，不要做违背科学的片面决策。

(2)在公园、游乐场内，除游览道路、建筑物附近、公共活动场所

树木地面硬化综合症，公园小树林内地面硬化后油松萎黄、濒于死亡

外，地面一般不要硬化，特别是古树名木、珍稀花木树冠下不要硬化；必须硬化的要给每棵树干基部周围留有直径至少1.5mm的圆坑裸土不要硬化，以便及时给树木浇水、施肥、松土，并承接自然降水。干基周围的裸土圆坑上可覆盖厚1～2cm的绿色塑料网，既可保持整洁，又透气透水。城市行道树的干基周围也宜这样做。

（3）不要在公园内平坦处的树林下经常组织体育锻炼活动；需常组织的，应对每株树干基直径1.5mm范围内的地面加以保护，防止人为践踏。

（4）对地面已硬化、树木生长不良的，要迅即在树干周围直径至少1.5m的范围内刨掉已硬化地面，疏松土壤，浇足水肥，已感染病虫害的对症下药，抓紧防治，促进树势恢复。

树木移植缓苗期综合症

各种针阔叶树木移植于公园、绿地、街道、公路两旁以及平原、荒山造林后都可发生该症，轻则生长缓慢，重则植株枯死，使植树造林失败。幼苗扩畦倒栽亦可发生这种情况。

症状与病原 树木（大树或苗木、幼苗）移栽，由于树体离开苗圃水肥土较好的条件，加上起苗、运输至栽植过程中根系受损，树皮受伤，风吹日晒，树体失水；栽植时选地不当，树坑过小，栽植方法欠妥，根系不舒展，栽后浇水不及时等，从而导致树木移植后的1～2年内生长缓慢，树干发生溃疡病、腐烂病等；在夏季干热季节树叶发生非侵染性枯萎病、炭疽病等，不发芽，不抽新梢或抽出很少，新根少，有的原有根枯死，生长势极度衰弱，甚至慢慢枯死。幼苗扩畦倒栽后可导致不生根发芽而迅速死亡。

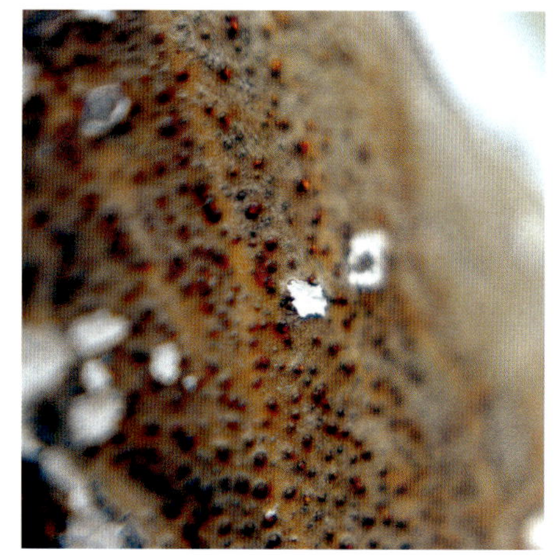

树木移植缓苗期综合症，杨树发生腐烂病

发病规律 苗圃地连年重茬育出的杨柳等苗木移植后往往发生严重溃疡病、腐烂病等。前茬为蔬菜、棉花的，或已感染立枯病的土壤育出的松、柏苗，移栽后发病较重，甚至迅速死亡。起苗时树龄愈大、根系损失多、树干伤口多、苗木运输时间长、水分损失

树木移植缓苗期综合症，当年新植柳树发生非侵染性枯萎病

树木移植缓苗期综合症，毛白杨长势衰弱，叶缘干枯

严重时该病亦重。而采用根系带土球移植，适当截枝、截干，栽时挖大坑换好土，栽后即时浇水，科学加强管理，树势恢复就快，缓苗期就短，该症就轻，甚至不表现症状。

防治方法

(1)因地制宜选栽优质健壮无病虫苗木，合理栽植。植树前要认真进行规划设计，根据当地的气候、土壤、水分等条件，选栽适宜生长的、符合绿化景观要求的花木。并对苗木产地进行考察，不采购重茬苗，以及病虫严重，瘦弱的苗木以及徒长的“肥水苗”。起苗时根系尽量保持完整，对大苗，尤其是针叶树大苗根部要带土球并用草绳捆扎。不带土的苗木，栽植前要将其根部在水池浸泡24小时，使其吸足水分。要挖至少1m × 1m × 1m的植树坑，大树要更大，捡净石块、残根，有石灰、水泥等建筑垃圾的要换入疏松肥沃的好土。阔叶树可对其枝、干适当短截，修剪根系使其伤口平整，以利愈合。有条件时，根部蘸生根粉。栽后立即浇足水，等地表泛白时，疏松土壤保持水分，以后要根据需要适时浇水。干旱地区水源缺乏，可于栽植时浇水，并施入保水剂，地面再覆盖塑料薄膜。栽后对树干1.5m以下涂白，以防日灼和病虫侵染。白涂剂配方如下，可选取1种使用：①生石灰10：硫磺粉1：水40；②生石灰10：石硫合剂残渣10：水10；③生石灰10：石硫合剂原液1：食盐4：动物油0.25：水80；④生石灰10：食盐4：硫磺粉3：动物油0.25：水80。混合搅拌均匀后，均匀涂刷于树干上。

(2)栽植后的1～2年内经常检查，

树木移植缓苗期综合症，法国梧桐发枝很少，生长衰弱

及时发现枝干、叶部病虫害，并因虫因病施治。对长势极弱，新根极少，根系发育不良的，要查明原因对症施策。土壤碱性大的要挖沟排碱或灌水压碱；土壤严重板结、团粒结构不好的，要掺沙改土，或分多次逐步换入好土；浇入钾肥促发新根，20～30天后再结合浇水浇入0.5%硫酸亚铁溶液以降低土壤pH值，可疏松土壤，并有一定的抑菌和壮苗作用等。

牵牛炭疽病

各栽培区都有不同程度发生，危害牵牛、矮牵牛的叶片，严重时造成叶片大部变为褐色而枯死，影响开花，降低观赏价值。

症 状 病菌侵染叶片后，生出中部为灰白色而边缘呈暗褐色的近圆形病斑。病斑多发生于叶缘或叶尖，其上生有黑色小点，即为病原菌的分生孢子盘，严重时叶片变褐枯死。

发病规律 病原为真菌，刺盘孢。病原菌以菌丝体在病落叶上越冬，翌春温湿度适宜时产生分生孢子，借风雨或昆虫传播，进行初次侵染。生长期内进行多次再侵染，7～8月为发病盛期，9月份逐渐停止发展。高温、多雨、密度大通风不良，有利于病害的发生和蔓延。

防治方法

(1)加强栽培管理。牵牛喜阳光和温暖湿润，耐半荫、干旱和瘠薄。应选择阳光充足、排水良好、土壤肥沃的地方栽植。植株不宜过密，注意通风透光。播种法繁殖，覆土1cm，发芽温度15℃以上，播后约7天即可出苗，2片子叶分离并长足后即应移植。移植时带土球，防止伤根。一般生出4～5片真叶时摘心，以促生分枝，多开花。要立支架，供其攀绕。勤浇水，定期追肥。

牵牛炭疽病

(2)入冬后彻底清理花圃枯死叶蔓，集中深埋或高温沤肥。

(3)发病初期喷药防治，可选用75%百菌清可湿性粉剂600倍液、50%敌菌灵可湿性粉剂500倍液等。

美人蕉疫病

又名美人蕉疫腐病。美人蕉栽培区有不同程度发生，危害美人蕉等多种花卉。

症 状 主要侵染美人蕉等花卉的叶片，常自叶缘侵入，在叶缘、叶尖形成不规则形的褐色斑。湿度大、温度高时病部呈湿腐状，低湿干燥时呈浅褐色干枯状。

发病规律　病原为管毛生物，疫霉菌。病菌的菌丝体或厚垣孢子、卵孢子随病组织在土壤中越冬。翌年温度和湿度适宜时产生孢子囊，随灌溉水、雨水进行传播。温度较高、雨水大、植株过密、通风不良的环境，发病往往严重。尤其是8月份连阴天，又闷热，通风不良，该病易发生和流行，发病迅速，5～7天叶片可大部烂光。

防治方法

（1）搞好园艺管理。美人蕉性健壮，适应性强，具有一定耐寒力。喜暖热气候及阳光充足的环境。几乎不择土壤，而以湿润肥沃的深厚壤土为好。吸收有毒气体和对有害气体的抗性均较强。裸地栽植应施足底肥，生长前期经常松土锄草，开花前结合浇水施稀薄液肥2～3次。开花后的花茎要及时剪去，以促抽新茎，开出新花。秋霜后，剪去地上部分，挖出根茎，室内晾1～2天后，沙藏于室内，保持5℃左右不要受热、受冻、受水。在温暖地区可不挖出根茎，稍加保护即可裸地越冬。采用分株法繁殖。

美人蕉疫病

（2）秋霜后及时清除园圃内的枯死茎叶和地面落叶，集中深埋或高温沤肥，减少翌年侵染源。生长季节及时剪除近地面叶片，以保持空气流通，并防病菌侵染。

（3）发病初期喷药防治，可选用50%灭菌丹可湿性粉剂700倍液、25%甲霜灵可湿性粉剂500倍液、90%乙磷铝可湿性粉剂600倍液等，连用2～3次。

草坪夏季斑枯病

又名草坪夏季斑病、草坪夏季环斑病。分布于河北、北京等地。主要侵染草地早熟禾、羊茅、匍匐剪股颖、多年生黑麦草等多种冷季型草坪草，以草地早熟禾受害最重，造成草坪不规则形枯斑，严重影响草坪景观，是夏季高温高湿时节发生在冷季型草坪的一种严重根部病害。

症　状　主要是草坪上出现大小不等的枯斑，在草地早熟禾上，夏初草坪初现环形、生长较慢、瘦弱的小斑块，后草株褪绿变成枯黄色，或出现枯萎的圆形斑块，直径3～8cm，斑块继续扩大至直径40～80cm不等的圆形。在白天气温28～35℃，夜晚高于20℃的持续高温天气下，病叶迅速从灰绿色变成枯黄色，多个枯草斑块可相互连结，而形成大面积不规则形枯草斑。在剪股颖和早熟禾混播的高尔夫球场，圆形枯斑直径可达30cm。在一般的绿地草坪上，开始时出现弥散性的黄色或枯黄色小斑，易与高温逆境、昆虫危害及其他一些病害的症状相混淆，应注意区别。受该病危害的草株根部、根冠部和根状茎呈黑褐色，后期维管束也变为

草坪夏季斑枯病

褐色，外皮层腐烂，整株死亡。检查潮湿环境下的这些病组织，可见网状稀疏的深褐色至黑色的外生菌丝；如将病草根部冲洗干净，直接放在显微镜下观察，可见平行于根部生长的暗褐色匍匐状外生菌丝，有时可见黑褐色不规则聚合体结构。

发病规律 病原为一种真菌。病原菌以菌丝体在植物的病残体和多年生的寄主组织中越冬，在21～35℃温度范围均可侵染，而以28℃为最适，并在寄主根部定植，抑制根部生长。在田间，暮春5cm土层温度达到18.3℃时病菌开始侵染根的外皮层细胞，随着温度回升，病菌可沿着植株根部、根冠和匍匐茎的生长在植株间蔓延，每周可达3cm。在炎热多雨的天气，大量降雨或暴雨之后又遇高温，病害开始显症并很快蔓延扩展，造成草坪出现大小不等的枯斑。这种枯斑不断扩大，可一直持续到初秋，枯斑内枯草不能恢复，在下一个生长季节枯斑依然明显。该病在高温而潮湿的年份和排水不良、土壤紧实的草坪发病较重，其中高温在病害发生过程中起着重要作用。使用砷酸盐除草剂、速效氮肥和某些传导性杀菌剂，可以加快症状的出现。而较低的修剪高度、频繁的浅层灌溉等养护措施，往往使草坪发病更为严重。过高、过低的土壤pH值是通过影响草坪草的生长而对病害的发生起作用的。该病的传播方式，一是通过剪草机械，二是草皮的移植运输。

防治方法

(1)选用抗病草种(品种)或将其混合种植，是防治该病最经济有效的方法之一。不同草种间的抗病性差异，由高至低依次为：多年生黑麦草＞高羊茅＞匍匐剪股颖＞硬羊茅＞草地早熟禾。可因地制宜的选用。

（2）科学养护，以减轻逆境和促进根系发育。剪草高度应不低于5～6cm，特别是在高温期。施用硫磺包衣的尿素或硫铵等缓释氮肥，增施磷钾肥。在保证不致干旱的前提下，要深灌，尽量减少灌溉次数，注意疏松土壤，并打孔、疏草、通风，改善排水条件。

（3）化学防治。农药拌种、种子包衣和土壤处理，可选用灭霉灵、乙膦铝、杀毒矾、绿亨1号、代森锰锌、甲基硫菌灵、移栽灵等。成坪草坪应于暮春、夏初5cm土层温度18～20℃时开始用药，可选用64%杀毒矾可湿性粉剂、95%绿亨1号、70%代森锰锌可湿性粉剂、50%灭霉灵可湿性粉剂、50%乙膦铝可湿性粉剂、70%甲基硫菌灵可湿性粉剂等，常规浓度喷雾，药液量300ml/m²，或用药液泼浇，将药液喷到植株根颈部，视病情用药2～3次，间隔15天左右。

草坪黑粉病

黑粉病是分布很广的一类草坪病害，国内、外都有发生，多种草坪都可受害，主要危害叶和花序，对草坪景观和种子产量影响很大，是草坪的一类重要病害。

症状和病原　黑粉病的症状类型主要取决于病原物、寄主种（品种）和气候条件。侵染草坪的黑粉病主要有以下几种：

（1）条黑粉病。病原为条形黑粉菌，属真菌。主要危害早熟禾、剪股颖、鸭茅、梯牧草等48种禾本科植物。单株病草在草坪上零星分布或形成大面积斑块。春秋凉爽天气，病草植株矮化，叶片变黄，呈淡绿色或黄色。根部生长缓慢。随病情发展，叶片开始卷曲，并在叶片和叶鞘上出现沿叶脉平行的长条形冬孢子堆，稍隆起。最初白色，渐变为灰白色至黑色，成熟后孢子堆破裂，散出大量黑色烟灰状孢子。严重病株叶片卷曲并从顶向下碎裂，甚至整个植株死亡。由于被害植株分蘖少和病株的死亡，使草坪变得稀疏，或形成斑秃，造成杂草入侵。在新发病的草坪上，由于病株零星分布，症状很难发现，数年后方变得明显。重病区，一般发生在4年生以上的草坪。

草坪黑粉病，秋季晨露中的草坪被害景观

草坪黑粉病，草坪草被害状

（2）秆黑粉病。病原为冰草秆黑粉菌。症状与条黑粉病基本相同。

（3）疱黑粉病（叶黑粉病）。病原为鸭茅叶黑粉菌。主要危害早熟禾、剪股颖、羊茅等属的植物。与前2种黑粉病症状的主要不同是，该病症状主要表现在叶片上，病叶背面有黑色椭圆形疱斑，即冬孢子堆，长度不大于2mm，疱斑周围褪绿，严重时整个叶片褪绿变为近白色。冬孢子堆始终埋在寄主叶表皮下，表皮不破裂，而引起表皮皱曲或疱状物。从远处看，发病草坪呈黄绿色。黑粉病侵染花序，致整个花序变为黑色烟灰状，种实被破坏。

发病规律　多为系统性侵染（疱黑粉病为局部性侵染）。病原菌以冬孢子在种子、土壤、病叶和病残体中越冬。有的以菌丝体在多年生草的冠、叶、茎节上越冬。休眠的冬孢子在种子和土壤中可存活3～4年。通过风、水、种子或带病土壤、病残体等的移动传播。翌春条件适宜时，冬孢子萌发产生担子和担孢子。担孢子萌发形成侵染菌丝，自幼苗的胚芽鞘或成株的根状茎、匍匐茎或冠部侵入，在体内系统扩展至整个存活期，并不断形成冬孢子扩大侵染。在温湿度适宜的春、秋季，禾草生长旺盛，症状表现明显。气候凉爽，水肥充足时，禾草可耐受病菌的侵染而存活；当高温、干旱、肥料不足或过度时，病草分蘖枯死，甚至整株死亡。枯草层过厚、酸性土壤有利于病情发展。炎热、干旱的夏季或干燥、寒冷的冬季常给带病草坪造成严重的损失，致使草坪大面积枯死。禾草种间抗病性有一定的差异，如条黑粉病在草地早熟禾上发病最重，偶尔在剪股颖、黑麦草、羊茅草上发病，而结缕草和狗牙根上未见发病。

防治方法

（1）科学管理水肥土。建坪前细致整地，捡除石块、树根、杂草，整理成疏松、肥沃、深厚的土壤，排水良好不积水。根据建坪的景观要求，选种抗病性较强的草种、品种或草皮卷，混种或更新为以改良型草地早熟禾为主的草坪，有较好的防病效果。适当浅播，避免深播，尽量缩短出苗期，氮磷钾肥合理搭配施用，增施磷钾肥，避免偏施氮肥。播种时施用硫铵等速效化肥做种肥，以促进幼苗早出土，减少侵染机会。提倡施用酵素菌沤制的堆肥或腐熟的有机肥。浇深水、透水，避免土壤干旱。

（2）药剂拌种。可选用种子重量0.3%的75%萎锈灵可湿性粉剂、种子重量0.08%～0.1%的20%三唑酮乳油、种子重量0.2%的40%拌种双可湿性粉剂、种子重量0.2%的50%多菌灵可湿性粉剂等，搅拌均匀后堆闷6小时，可防治多种黑粉病。

（3）发病初期喷药防治，可喷洒20%三唑酮乳油1800倍液或25%百理通可湿性粉剂2000倍液等。

草坪腐霉菌枯萎病

又名油斑病、絮状疫病。分布于北京、河北等各地草坪。危害细弱剪股颖、草地早熟禾、高羊茅、紫羊茅、匍匐剪股颖、细叶羊矛、粗茎早熟禾、多年生黑麦草、意大利黑麦草、红顶草等冷季型和狗牙根等暖季型草坪草的芽、苗、成株的各个部位，造成烂芽、苗腐、猝倒、根腐和根颈部、茎、叶腐烂，是草坪草的毁灭性病害。

症 状 种子萌发和出土过程中被害，出现芽腐、苗腐和幼苗猝倒。幼根近尖端部分表现典型的褐色湿腐。发病轻的幼苗叶片变黄、矮，如不发展，症状可消失。成株受害，一般自叶尖向下枯萎或自叶鞘基部向上呈水渍状枯萎，病斑青灰色，后期病斑边缘变为棕红色。根部受害，有的产生褐色腐烂斑，根系发育不良，全株生长迟缓，分蘖减少，下部叶片变黄或变褐，草坪稀疏；有的根系外形正常，无明显腐烂现象或仅轻微变色，但次生根的吸水机能被破坏，高温炎热时，病株失水死亡，成块草坪可在数日内枯死。高温高湿条件下，导致根部、根颈部、茎、叶变褐腐烂，在草坪上突然出现直径2～5cm的圆形黄褐色枯草斑（或称斑秃），病株水渍状变暗绿色腐烂，手摸之有油腻感，紧贴地面倒伏。继续发展直径可达10～50cm，圆形或不规

草坪腐霉菌枯萎病，早春积雪融化后低温状态下的白色絮状菌丝体

则形。在雨后清晨或晚上有露水或空气湿度大时，倒伏在地面的病株上可见一层白色或紫灰色的絮状物，在枯草斑的外缘也能见到类似的絮状物，即为病原菌的菌丝体。太阳出来直接照射，絮状物迅速消失。在修剪很低的高尔夫球场，剪股颖草的草坪上，枯草斑最初很小，但扩展迅速。而在剪草较高的草坪上，枯草斑较大，形状不规则，多个相邻枯草斑可汇合成形状不规则的大枯草斑。枯草区常分布于草坪低湿地区或水道两旁，有时沿剪草机或其他农机作业路线呈长条形分布。在低湿积雪地区，由于积雪覆盖，排水不良，草坪草也可严重受害。

发病规律　病原为管毛生物，腐霉。习居土壤，腐生性很强，以菌丝体和卵孢子依附于病株残体或在土壤中或同时存在这两种介质上越冬。在适宜条件下，卵孢子萌发产生游动孢子囊和游动孢子，游动孢子形成休止孢子后萌发产生芽管和侵染菌丝，侵入禾草的各个部位。卵孢子萌发也可直接生成芽管和侵染菌丝。在整个生长季节，可形成多次再侵染。病菌传播的主要方式有：游动孢子在植株和土壤表面自由水中游动传播；孢子囊和卵孢子随灌溉水和雨水传播；带有病原菌的池塘、湖、河水灌溉草坪使其侵染；带菌土壤或带菌植株残体随园艺作业机具和人员而传播；带病草坪草的远距离调运等。高温高湿最适宜病原菌的侵染。潮湿的土壤和叶面湿润的水膜是该病发生的必要条件。白天最高气温30℃以上，夜间最低气温高于20℃，大气相对湿度高于90%，且持续14小时以上，或者连阴雨，该病常大发生。在高氮肥下生长茂盛稠密的草坪最易感病，碱性土壤比酸性土壤发病重。因腐霉菌种类不同，该病多发生于高温条件下(29.4～35.0℃)，但有时在温度11～21℃最活跃而侵染喜凉的冷季型草。草坪草多不抗该病，以多年生黑麦草最易感，大部分改良狗牙根品种较抗或较耐该病。

防治方法

(1)建立良好立地条件，是防治该病的根本。草坪建植前要平整土地，黏重、沙性大、建筑垃圾多、碱性等土壤要进行改良，使土壤比较深厚、疏松，建立良好的排、灌水设施，降低地下水位，防止积水。要保证草坪空气流通，避免周围环境郁蔽气流不通畅。

(2)科学管护。水分管理，要采用滴灌、喷灌，控制灌水量，减少灌水次数，减少10～15cm深根层土壤的含水量，降低草坪小气候相对湿度。灌水时间要在晴天8：00～12：00进行，避免在阴天、傍晚以后灌水。灌水要灌透，不要仅湿表土层，而深层仍干燥。肥料管理，提倡春、秋季均衡施肥，注意增施有机肥和磷、钾肥，避免偏施氮肥。剪草管理，不要过多过频剪草，剪草不要过低，一般保持5～6cm为宜。高温潮湿，叶面有水，特别是植株发病叶面有明显菌丝时，不要剪草 。

(3)讲究卫生。注意清除草坪的枯

草层，使枯草层厚度不要超过2cm。剪下的碎叶要及时清出草坪外深埋处理。有病草坪与无病健康草坪，不要共用一个剪草机，如只能共用，应先剪健康草坪再剪有病草坪，或剪完病草坪后对刀具、机轮消毒后再剪健康草坪。操作剪草机人员应在鞋底上套塑料袋，剪完一片草坪后换用新塑料袋。

(4) 不同草种品种混播建坪。在北京地区提倡以草地早熟禾为主适当混以高羊茅、黑麦草的不同草种混合播种，或不同品种的草地早熟禾混合播种 。

(5)药剂防治。新建草坪，实行药剂拌种或种子包衣，可选用：甲基立枯灵、粉锈宁、杀毒矾、灭霉灵等，用药量一般为种子重量的0.3%。土壤消毒可选用甲基立枯灵、敌克松等。对成坪草坪，早期防治，控制初期病情是关键，因此要搞好病情监测，在高温高湿季节到来之前及时喷洒杀菌剂，可选用：70%代森锰锌可湿性粉剂500倍液、90%乙膦铝可湿性粉剂500倍液以及甲霜灵、杀毒矾、甲霜灵锰锌等，每10～15天喷1次，视病情连用2～3次。注意药剂的轮换使用和混用，特别是对易产生抗药性的甲霜灵，不要连续使用。

草坪褐斑病

又名草坪禾草丝核菌综合症、立枯丝核疫病。广泛分布于世界各地，侵染所有已知的草坪禾草，尤其以翦股颖和早熟禾受害最重，不仅造成草坪植株死亡，更严重的是造成草坪大面积斑秃，破坏草坪景观。是我国各大城市草坪的一种最重要的病害。

症 状 因草种类型（冷季型或暖季型）、品种组合、养护管理水平（修剪高度、次数）、气象条件、立地条件以及病原菌株系等的不同，而症状变化很大。但一般感病草坪会出现由枯草形成的环状或近似环状的斑秃，也可能在整片草坪内出现叶斑（枯草），或仅在斑秃内出现叶斑（枯草）。该病主要侵染禾草植株的叶、鞘、茎，引起叶腐、鞘腐和茎基腐，根部往往受害很轻或不受害。所以，受害株常能再生出新叶而恢复生机。但病害严重和反复流行时，根茎、匍匐茎、根状茎也会死亡。单株受害，叶鞘及叶上生褐色梭形、长条形病斑，多数长5～10mm，有的40mm以上，严重时病斑可绕茎一圈。初期病斑青灰色水渍状，边缘红褐色，后期病斑黑褐色；严重时整叶水渍状腐烂，整个病茎基部变褐色或枯

草坪褐斑病，草坪中的被害草及环状秃斑

草坪褐斑病，枯草形成的环状秃斑

黄色，病株分蘖多枯死。连续几天降雨出现低温不利于病害发展时，叶鞘病斑上常生有红褐色不规则形菌核，易脱落。在潮湿条件下，叶鞘及叶片的病部生稀疏的褐色菌丝。草坪受害，出现近圆形枯草斑，其直径从十几厘米到1～2m不等。条件适宜时病情发展迅速，枯草圈内病草初呈污绿色，很快变为褐色。在暖湿条件下，枯草圈的外缘有暗绿色至灰褐色的浸润性边缘，由萎蔫的新病株组成，称为"烟圈"，这是病害处于发展蔓延期的象征。当叶片干枯时"烟圈"消失。由于枯草斑中心的病株较边缘病株恢复得快，结果枯草斑就呈现出了环状或称"蛙眼"状，即中央绿色，四周为枯黄色。若病株散生于草坪中时，无明显的枯草圈出现。由不同的病原侵染不同季型草坪，症状表现往往不同。由禾谷丝核菌侵染所致的黄斑，主要发生在冷季型草坪上，从秋到春都可发生。在修剪较低的草坪上表现为浅褐、红褐、黄褐色的斑块。而暖季型草上的症状则与上不同，通常发生于草株复苏开始生长的春季或开始休眠的晚秋，枯草圈可达几米，一般没有烟圈，但枯草圈边缘有叶片褪绿的新病株。病株叶上几乎没有侵染点，侵染只发生在匍匐茎或叶鞘上，造成茎基部腐烂而不是叶枯。而在冷、暖季型的过渡带，结缕草被侵染后，症状在春、秋两季出现，表现分蘖少，生长量下降，其典型症状是活分蘖中夹杂有枯死分蘖的环状斑。枯死斑常在同一位置反复出现，有时可扩大至7～8m。根部变色，但不腐烂。夏季斑块症状消失。

发病规律　病原为丝核菌，属真菌。病原菌为弱寄生菌，习居土壤，主要以土壤传播。以菌核或以菌丝体依附植株残体渡过不良环境，菌核萌发的温度为8～40℃，最适温28℃，最适的侵染和发病温度为21～32℃。只有气温约升至30℃，同时空气湿度很高，夜间温度高于20℃时，病菌才会明显侵染叶片和其他部位。主要自寄主的叶、叶鞘或根部的伤口侵入（为修剪伤口），也能自气孔或直接穿透表皮侵入叶片。该病流行性很强，高温、多雨、潮湿的天气；老草坪枯草层较厚，菌量大；偏施氮肥，植株生长旺盛，组织柔嫩；地势低洼潮湿，排水不良，田间郁蔽，通风不良，湿度大；冬季低温，禾草受冻；灌水时机和灌水量不当等因素，都利于病害的发生和流行。目前无抗病品种，但品种间的抗病性有明显差异，其抗病性由大到小依次为：粗茎早熟禾＞早熟禾＞草地早熟禾＞高羊茅＞多年生黑麦草＞加拿大早熟禾＞小糠草＞匍匐剪股颖和细剪股颖。

防治方法

(1)科学管护草坪。合理施肥，保持氮、磷、钾肥的适当比例，要有足够的磷、钾肥，少施最好不施氮肥，适当增施磷、钾肥。科学灌水，防止大水漫灌和积水，避免傍晚浇水。枯斑出现初期，可于早晨尽早除去露水，以减轻病情。改善通风透光条件，降低田间湿度。草坪过密要适当打孔疏草，及时修剪，夏季剪草不要过低。

(2)枯草层、病残体和修剪下的残草，要及时清除。

(3)因地制宜选植相对抗病草种。

(4)选育抗病草种。

(5)新建草坪药剂防治。种子包衣或拌种，可选用粉锈宁、灭霉灵、消菌灵、拌种双、杀毒矾等。包衣和拌种剂量视药剂种类和草种不同而异，50%灭霉灵可湿性粉剂为种子重的0.2%～

草坪褐斑病，叶斑 I

草坪褐斑病，叶斑 II

草坪褐斑病，叶斑III

0.3%。亦可采用毒土覆盖法，即用20%甲基立枯磷乳油1000倍液或50%拌种双粉剂与50倍的细土拌匀做成毒土，覆盖播下的种子，上面再覆土。

(6)成坪草坪药剂防治。抓紧早期防治，控制发病中心和初期病情，是该病药剂防治的关键。第1次用药时间，石家庄地区可在4月中旬，北京地区在5月初。可选喷70%代森锰锌可湿性粉剂、70%甲基硫菌灵可湿性粉剂、75%百菌清可湿性粉剂、50%灭霉灵可湿性粉剂、3%井冈霉素水剂、25%三唑酮可湿性粉剂、20%甲基立枯磷乳油、15%恶霉灵水剂等。亦可选用上述药剂中的一种，用灌根法或泼浇法控制发病中心。在褐斑病与腐霉枯萎病混合发生时，可用72.2%普力克水剂800倍液加50%福美双800倍液喷淋。用药次数，视病情，一般不应少于3次，每次相隔10～15天。

草坪蘑菇圈

又名仙人圈、仙环病。各地草坪都有不同程度发生，危害多种草坪草，可致圈内禾草衰败枯死。

症 状 春季和夏初潮湿草坪上出现半径几厘米到几米、几十米的环形或弧形深绿色圈，圈带宽11～20cm，圈上禾草生长旺盛，称为蘑菇圈，圈内禾草瘦弱、休眠或枯死。有时在死草圈内会生出次生旺草圈。多个蘑菇圈可相互交错重叠。夏末秋初雨后或灌溉后蘑菇圈上可生出不同类型的蘑菇。土壤干旱时，特别是秋季，最外圈旺长的草圈可能消失（草死亡），而内圈的草旺长。

发病规律 病原为多种担子菌，属真菌。均为土壤习居菌。在条件适宜的情况下，蘑菇圈逐年向外扩展。枯草层厚、浅灌溉、浅施肥、干旱有利于病害的发生。而砂壤土、肥料缺乏和水分不足的草坪，病害发生常重。

草坪蘑菇圈，子实体

草坪蘑菇圈，口蘑子实体

防治方法

（1）强化草坪管理。浇水要浇透，保持土壤剖面处于湿润状态。要深施肥，特别要施足基肥。清除枯草层。及时铲除杂草。

（2）早发现早防治。可采用更换病土，填补未被污染的净土；将草坪移走后用溴甲烷或甲醛薰蒸消毒土壤；打孔浇灌百菌清、灭菌丹、苯来特、萎锈宁、甲基硫菌灵等杀菌剂药液；发现蘑菇立即采摘，并在其周围1m的范围打孔灌浇杀菌药液。

贴梗海棠锈病

又名贴梗海棠赤星病、羊胡子。分布于陕西、甘肃、四川、贵州、广东、云南、江苏、浙江、河北、北京等地。危害贴梗海棠、垂丝海棠、木瓜、梨、山楂、棠梨等的叶片、叶柄、新梢、果实和果柄，造成被害部畸形，早枯早

草坪蘑菇圈，红顶环柄菇子实体

贴梗海棠锈病，圆柏上的冬孢子角

贴梗海棠锈病， 叶片上的锈孢子器

落，降低观赏价值。

症 状 以叶部和新梢受害为主，严重时幼果亦受害。叶片受害，初在叶正面产生橙黄色、圆形、有光泽的小斑点，数目1～2个至几十个不等。后渐扩大为近圆形的病斑，病斑边缘淡黄色，中部橙黄色，在病斑中央产生几个黄色小点，后黄色小点变为针头般大小黑色颗粒，即性孢子器。性孢子器分泌黄色黏液，待黏液干后叶正面下陷，叶背面相对应处稍隆起增厚，并产生10多根灰白色丝状物，即为锈孢子器。8、9月间锈子器产生黄褐色粉状物，即为锈孢子。发病严重时，病叶满树，叶片凹凸不平，枯黄早期脱落。叶柄染病，初期病部橙黄色肿大，生丝状物，后变黑干枯，叶片早落。果实受害处凹陷，上有多根丝状物。果梗、新梢受害症状与叶片上的相似。病原菌的转主寄主为圆柏、龙柏、花叶柏、鹿角柏、铺地柏、蜀柏等，在其小枝上生成指甲大小、球形菌瘿，翌春继续发育突破表皮形成红褐色鸡冠状冬孢子角，吸水膨胀后呈橙黄色，舌状胶质体，即冬孢子堆。

发病规律 病原为梨胶锈菌，属真菌。病菌以菌丝体在转主寄主圆柏等的病部越冬。翌春产生冬孢子角。冬孢子成熟后，孢子角吸水胶化率与降雨量大小或降水时间长短成正比。冬孢子萌发产生大量担孢子，随风飞散。自贴梗海棠发芽、展叶到花瓣凋落、幼果形成期间，都可被侵染。担孢子散落在嫩叶、新梢、幼果上，在适宜的条件下萌发，自气孔或直接自表皮侵入。当温度为15℃左右，有水滴的情况下，担孢子1小时即可完成侵入，再经7～12天表现症状，产生性子器和性孢子，受精后20～30天形成锈孢子器，约经10天产生锈孢子，开始释放。8、9月份锈孢子传播到圆柏等上侵染新梢，形成菌瘿，随后菌瘿以上的新梢枯死。病菌没有夏孢子，故不进行再次侵染。

防治方法

(1)在园林规划设计时，贴梗海棠附近不要配置圆柏等。不要在已栽植大量贴梗海棠的地方栽植圆柏等，也不要在已有大量圆柏等的地方栽植贴梗海棠。在已发病的贴梗海棠栽植区，最好彻底清除圆柏等。

(2)在冬春季节，剪除圆柏等上的菌瘿和冬孢子角，并于冬孢子角吸水膨胀胶化前，喷洒50%硫悬浮剂400倍液、15%三唑铜可湿性粉剂1000倍液或2°Be石硫合剂等，每10天喷1次，共喷2～3次。

(3)于贴梗海棠展叶期喷药防治，

可选用1∶2∶200波尔多液、77%可杀得可湿性粉剂500倍液、50%退菌特可湿性粉剂800倍液、20%萎锈灵可湿性粉剂400倍液、25%多菌灵可湿性粉剂500倍液、65%代森锌可湿性粉剂600倍液等，每10～15天喷1次，共喷2～3次。

圆柏冠瘿病

又名圆柏根癌病。三北、华东、中南等地都有发生，危害圆柏、云杉、油松等300余种植物。

症　状　受害株的根、干、枝上生有许多大小不一的半球形，不规则形瘤体。

圆柏冠瘿病

发病规律　病原为细菌，癌肿野杆菌。生于黏重、排水不良、碱性土壤的植株发病较重。

防治方法

(1)加强检疫，不栽病苗。

(2)选用排水良好、肥沃疏松、未被病菌污染的砂质壤土育苗。

桂花褐斑病

又名桂花灰斑病。分布于云南、河北、江苏、四川、湖北、浙江、福建、安徽、北京、辽宁、天津、云南等地。危害桂花叶片，降低光合作用，严重时引起叶片早期脱落。

症　状　叶片被害。初产生黄色小斑点，后扩展为圆形，不规则形，直径2～10mm的病斑，病斑扩展有时受叶脉限制。后期病斑中央黄褐色至灰褐色，边缘红褐色，有时外围有黄色晕圈，两面散生黑灰色霉状物。叶片受害严重时脱落期早。

发病规律　病原为真菌，木犀生尾孢。病原菌以菌丝体在树上病叶和落地病叶上越冬。翌春温湿度适宜时，产生分生孢子，借气流和雨滴传播侵染健叶，每年4～11月均可发病。一般修剪不合理、土壤瘠薄、通风透光不良、遭受冻害、树势衰弱等发病常重。树冠下部叶片，过冬老叶发病多，苗木易发病。

桂花褐斑病

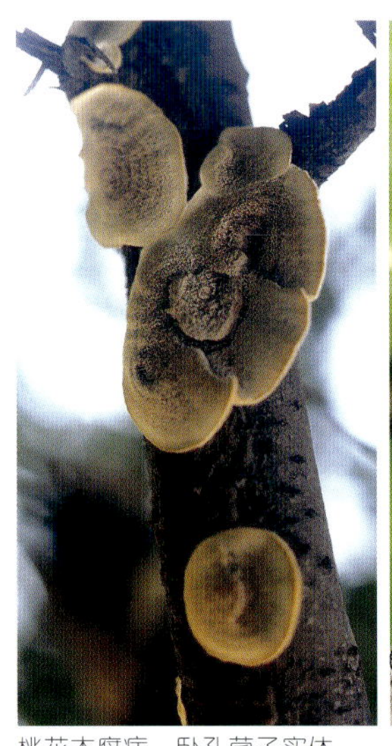

桃花木腐病，卧孔菌子实体

桃花木腐病，香栓菌子实体

桃花木腐病，裂褶菌子实体

本病常与桂花枯斑病混合发生。

防治方法

（1）加强栽培管理，增强树势，提高抗病性。

（2）秋末冬初摘除公园、庭院或盆栽桂花的病叶，集中深埋。

(3)苗木出圃时喷洒0.1%浓度的高锰酸钾液杀菌。

(4)春季发病初期喷洒56%靠山水分散粒剂、1 ：1 ：200 波尔多液、70%甲基硫菌灵可湿性粉剂1000倍液、70%代森锰锌可湿性粉剂500倍液、50%混杀硫悬浮剂500倍液、75%百菌清可湿性粉剂800倍液等，每10～15天喷1次，视病情连喷2～3次 。

桃花木腐病

桃花栽培区都有不同程度的发生，危害白碧桃、红碧桃、洒金桃等多品种的枝干，造成枝干腐朽，甚至全株枯死。

症 状 在被害植株的主干、侧枝上群聚或散生舌状、平铺状等大型的子实体，受害处木质部形成不太明显的白色边材腐朽。

发病规律 病原为卧孔菌、香栓菌、裂褶菌等，属真菌。病菌以菌丝体在寄主病部木质部越冬。在病部生出子实体，在适宜的条件下产生担孢

桃花木腐病，马蹄子实体

桃花木腐病，子实体

子，风雨传播，从虫伤、机械伤、冰雹伤等不同的伤口侵入。老龄、管理不善树势衰弱或遭受冻害、冰雹灾害、枝干害虫严重等植株，发病常重，往往主干比侧枝受害较重。

防治方法

（1）强化管理，增强树势，是防治该病的治本措施。桃花喜光、喜温暖气候，较耐寒，忌水淹和盐碱土。应选栽于地势较开阔，光照充足，疏松肥沃而排水良好的土壤，于早春或秋季落叶后栽植，穴内施足底肥，栽植深度以到原土痕即可，不宜栽植过深。每年冬季施1次基肥，生长季节追肥2～3次，天旱勤浇水，但不能积水、过湿。修剪以疏枝为主，多整为自然开心型。及时防治天牛、吉丁虫、叶蝉等枝干害虫。

（2）伤口涂药保护。对锯口、剪口等伤口可涂1%硫酸铜液消毒，再涂波尔多浆等保护。

（3）结合园艺作业，经常检查，发现枝、干上病菌产生的子实体即将其刮除，并挖去腐朽木质，涂煤焦油消毒保护，对较大的树洞可用消石灰与水合成糊状堵塞。并对病树增施肥水，促进树势恢复。

桃花缺钾症

碧桃、桃花等的栽培区都有不同程度的发生。

症　状　碧桃、桃花等叶片叶缘不规则变褐焦枯，俗称烧边现象，叶仍平展；果实发生裂果。

发病规律　缺钾引起。一般砂质土、钙质土、酸性土、未经风化的

桃花缺钾症

荷花黑斑病，与荷花腐败病混合发生状，
正面大叶为荷花黑斑病症状，左下、右下枯死叶片
为感染荷花腐败病而枯死状

底层生土以及有机质少的土壤易出现缺钾症。

防治方法

(1)加强栽培管理，增施绿肥、厩肥、饼肥等有机肥，改良土壤，增强土壤保水保肥性。

(2)追施速效钾肥，如氯化钾、硝酸钾、草木灰等，可结合浇水根施，或叶面喷洒其0.2%的水溶液。

荷花黑斑病

河北、北京、河南、江苏、浙江、山东、湖北等地都有分布，危害荷花等，严重时造成叶片枯黄。

症 状　荷花被侵染后，初期在叶片上产生多个褪绿黄斑，叶背更为明显，随后病斑逐渐扩大呈不规则的深褐色较大病斑，直径5～15mm不等。病斑多分布于叶片周围，严重时除叶脉外布满整个叶片。病斑外围有黄色晕圈，病斑上具轮纹，生有黑色霉层。后期病斑汇合后致叶片枯黄。

发病规律　病原为真菌，莲交链孢。病原菌主要以菌丝体在病株残体中越冬。一般于5月中旬后开始发病。连续暴风雨天气，以及偏施氮肥、夏季荷缸或荷塘水温过高时发病重，荷花受蚜虫危害时加重病情。

防治方法

(1)强化园艺措施。及时防治蚜虫等害虫，清除病叶，尤其是秋后应将枯株残体彻底清除干净，盆栽时应每年更换盆土。

(2)发病初期喷洒50%苯菌灵可湿性粉剂1500倍液，75%百菌清可湿性粉剂500倍液或50%多霉灵可湿性粉剂1500倍液等，视病情连喷2～3次，两次间相隔15天。

悬铃木破腹病

又名法桐冻癌。分布于山东、河南、河北等地。危害悬铃木主干，严重妨碍树体生长，还诱发白腐病，削弱树势，影响木材工艺价值及树木的观赏价值。

症 状　城市绿化的悬铃木、杨等多种树木的主干、侧枝均可受害。常自树干平滑处开裂，皮层先开裂，深达木质部。翌春树木萌动后自裂缝流出树液，经风吹干后变为锈色。树势壮受害较轻，气候条件又适宜时可愈合。但大多数裂缝逐年加长、加深，长度可达1～3m。悬铃木的裂缝一般为开裂型，即木质部开裂深而长，愈伤组织不向外翻裂。

发病规律　病原为低温冻害。秋季土壤水分多，生长快，树体含水量

悬铃木破腹病，行道树被害状

多，冬季或早春天气骤然变冷变暖，昼夜温差大时易发病。常发生在树干的南面或西南面。一条路边的悬铃木，裂缝常发生在同一方位。同龄、栽植在一条路边的树木，树冠修的很小的比冠幅大的发病重。

防治方法　对城市行道树，冬季到来之前，在树干2m以下涂白。白涂剂的配比可用生石灰100：食盐1：水适量。

梅花流胶病

各梅花栽培区都有不同程度发生，主要危害梅花的干、枝，有时果实也可受害。削弱树势，造成生长不良，减少花量，严重时不开花，甚至枝干、全株枯死。

病原和症状　病原主要有2类：①真菌，多主小穴壳。②非寄生性，霜、冻害、冰雹害、病虫及机械损伤造成的伤口，引起流胶；开花过多、施肥不当、修剪过重、土壤黏重、营养不足、生长不良等原因，引起生理失调，导致流胶。这2类病原都引起干、枝、果实等受害部流出半透明黄色胶体，柔软状，胶体与空气接触后颜色逐渐加深至褐色、红褐色至茶褐色硬块。病部皮层常变褐腐烂，致使树势衰弱，叶片变黄变小、稀疏，花芽形成少，严重时枝干或全株枯死。但前者引起的流胶，流胶点常多，且点较集中，每点流胶较少；后者引起的流胶中，机械损伤引起的流胶，流胶点较少，但每点流胶量较多；而生理失调引起的流胶，常常是枝干等部位多处流胶，但每点的流胶量不一定少。

发病规律　真菌引起的流胶，病原菌以菌丝体和分生孢子器在被害枝干部越冬，翌年3、4月间产生分生孢子，借风雨传播，自皮孔、伤口侵入。1年中在5～6月和8～9月有两个发病高峰，当气温在15℃左右时开始流胶，随着温度上升，流胶点逐渐增多，7、8月高温季节流胶相对减少。一般枝杈处较易发病，树干下部较上部重，土壤贫瘠、营养不良、花量过多等诱发该病的发生。而非寄生性原因引起的流胶，一般在雨季，特

梅花流胶病

别是长期干旱后突降暴雨常流胶严重，老龄树较幼、壮树发病重，病虫害尤其是蛀干害虫严重，人为或气象灾害造成的伤口多，发病亦常重。

防治方法

(1)加强园艺管理，增强树势。梅花喜光，喜温暖湿润气候，不耐寒，适生于富含腐殖质、排水良好的砂质壤土，怕积水，在土壤粘重低洼地，易烂根致死。长江流域以南生长较好，黄河以北多盆栽。施肥不宜过多，冬施1次基肥，夏季追稀肥3～4次即可。关键是抓好修剪整枝，梅花的花芽都着生在当年生的新枝上，短的新枝花芽多，长的新枝花芽少，徒长枝没有花芽，老枝隐芽偶有抽出新枝开花的。修剪时要将徒长枝、细弱枝自基部剪去或短截，花后须将枝条留2～3个芽短截。7月份花芽分化，秋梢应剪去。冬季修剪，凡生花芽的枝条留10cm左右，其余剪去；着生叶芽的枝条，约保留5个叶芽其余剪去。冬施饼肥、鸡粪等基肥，促生新枝。盆土宜用田园砂质壤土，掺适量砂土。浇水量掌握不干不湿，不宜积水。

(2)结合修剪，及时剪除病枝、梢。低洼地注意排涝，盆梅在雨季盆内不要积水。注意增施有机肥及磷、钾肥。适当控制花量。

(3)及时防治吉丁虫、天牛、蟒象、腐烂病等病虫害。

(4)在休眠期刮除胶块，涂抹1%硫酸铜液或50%退菌特15倍液、5%硫悬剂20倍液等。生长季节喷洒50%混杀硫悬浮剂500倍液、50%苯菌灵可湿性粉剂1500倍液、50%多菌灵可湿性粉剂800倍液等，每10天喷1次，共喷2～3次。

梅花褐斑穿孔病

分布于江苏、河北、河南、上海等梅花栽培区。危害梅花等核果类花木的叶片，削弱树势，妨碍观赏。

症 状 梅花叶被侵染后，在叶面产生圆形或近圆形病斑，大小为2～4mm，边缘紫色或红褐色略带环纹。后期病斑上生出灰褐色霉层，最后病斑中部干枯脱落，形成穿孔，穿孔的边缘整齐。病斑多时叶片常脱落。有时新梢上亦产生有灰褐色霉层的病斑。

发病规律 病原为真菌，尾孢霉。病原菌以菌丝体在病叶或枝梢病组织内越冬。翌春气温回升，湿度适宜，产生分生孢子，借风雨传播，侵

梅花褐斑穿孔病

染新叶和新梢。在生长季节，病部多次产生分生孢子进行再侵染。低温多雨利于病害的发生和流行。

防治方法

(1)加强园艺管理，适时浇水、施肥、松土，合理修剪，增强树势。

(2)药剂防治。落花后选喷：50%混杀硫悬浮剂500倍液、70%甲基硫菌灵可湿性粉剂1000倍液、75%百菌清可湿性粉剂800倍液等，每10天喷1次，连喷2～4次。

菊芋白粉病

又名洋姜白粉菊。北京、河北、江苏、河南都有分布，危害菊芋，致使病株叶片枯萎皱缩，花期较晚，花冠较小，严重病株不能开花，降低观赏价值和经济价值。

症　状　受害植株叶正面初生小型不规则的白色粉层，与之相对应的叶背面失绿变为黄色。白粉层逐渐扩展，可扩至整个叶面。后期叶片严重受害逐渐枯萎皱缩，入秋后白粉层中生出黑色小粒点，即为病原菌的子囊壳。叶正面白粉层比叶背面为多。

发病规律　病原为真菌，单囊白粉菌。病原菌以子囊壳在病落叶中越冬，翌春菊芋放叶时，释放子囊孢子，借气流传播，附着在叶片上，萌发进行初侵染，在生长季节菌丝体不断蔓延生出分生孢子，扩大病情。春季温暖干旱，夏季凉爽，秋季晴朗，以及背阴窝风处，有利于病害的发生和流行。一般秋季病情扩展较快。高温或连续降雨均可抑制病害的发生。植株下部叶片较上部叶片受害较重。

防治方法

(1)入冬后起出块茎，彻底清除园地枯株残叶，集中深埋或高温沤肥。

菊芋白粉病，城市绿地的发生生态

菊芋白粉病，叶片被害状

菊花青枯病

（2）发病初期喷洒20%粉锈宁乳油1000倍液、40%福星乳油8000倍液等。

菊花青枯病

菊花栽培区都有不同程度发生，危害菊花等多种花卉，致其萎蔫死亡。

症　状　感病植株先是下部叶片叶色变淡，萎蔫下垂，病情发展迅速，很快全株叶片萎蔫，后期病叶变褐焦枯，植株死亡。病茎维管束变为褐色，横切新鲜病茎（或保湿培养），用力挤压，维管束切面上有“菌溢”渗出。重病株，常从发现症状到死亡，仅经7～8天。这些特征是与枯萎病的重要区别。

发病规律　病原为细菌，青枯极毛杆菌。病原菌主要随病株残体（残根、残茎）越冬，无寄主时病菌可在土壤中营腐生生活14个月，甚至6年之久。主要通过雨水和灌溉水传播，带菌肥料亦可传病，主要自根部侵入。病菌亦可透过导管进入邻近的薄壁细胞内而使茎部出现不规则斑。病原菌在10～40℃条件下均可发病，30～37℃最适，微酸性土壤发病重，pH值6.6为最适。在土壤含水量超过25%，植株生长不良，久雨或大雨后转晴发病常重。

防治方法

（1）园艺技术措施。菊花应选植于疏松肥沃的微碱至中性土壤，施入腐熟农家肥，细致翻整。菊花苗圃不宜连作，实行与禾本科或十字花科花卉4年以上的轮作。

(2)发现病株及时连其根际周围土壤清除，并撒施生石灰粉消毒。

(3)发病初期泼洒或根灌药液，可选用72%农用链霉素4000倍液、30%琥胶肥酸铜可湿性粉剂500倍液、95%敌克松可湿性粉剂500～1000倍液、97%可杀得可湿性粉剂500倍液等，7～10天用药1次，连用3～4次。

紫茉莉黑斑病

又名指甲草褐斑病、粉豆花褐斑病。各栽培区都有不同程度发生，危害紫茉莉的幼苗和成株的叶、花、茎，降低观赏价值。

症 状　叶片被侵染，最初出现褐色小斑点，逐渐扩展为不规则形大褐色斑，斑上有轮纹，随着斑点扩大，叶片很快枯黄脱落。花器受害，花瓣上产生褐色不规则斑，逐渐皱缩干枯。茎部发病，出现纵向发展的褐色条斑。幼苗被害，呈立枯病状，倒伏或不倒伏。后期病部产生灰黑色霉状物，潮湿天气尤为明显。

紫茉莉黑斑病

发病规律　病原为真菌，链隔孢。病原菌以分生孢子在病叶病茎等病残体上越冬，种子可带菌。孢子借风雨传播。在高温高湿的环境条件下，发病常重。

防治方法

(1)秋后彻底清除园圃内枯死植株及地面落叶，集中深埋或高温沤肥。

(2)强化栽培管理。选用疏松肥沃排水良好，光照充足的地方种植。注意通风透光，不要过密。发病严重的地区实行轮作，避免连作。建立无病采种区，不要自病株上采种。

(3)播种前，用种子重量0.2%的40%拌种双可湿性粉剂或种子重量0.2%的50%多菌灵可湿性粉剂等拌种，搅拌均匀密闭堆闷6小时后再播种。

紫荆枯萎病

北京、河北等地城镇、园林栽植紫荆的一种严重病害，还危害菊花、翠菊、石竹、唐菖蒲等花卉，侵害植株维管束，破坏、阻塞导管的的输导功能，造成植株很快枯黄死亡。

症 状　植株多在6、7月份雨季出现叶片萎蔫下垂，先自端部叶片开始，逐渐向下扩展，萎蔫叶片失水后

紫荆枯萎病

变为黄褐色干缩，继而整个植株枯死。病株后期叶片脱落，皮下木质部表面有黄褐色纵条纹；茎部横切面在髓部和皮层之间维管束部有黄褐色轮状坏死斑，纵切面则有黄褐色坏死条纹。一丛紫荆往往先自1～2株萎蔫枯黄，逐渐发展到全丛枯黄死亡。

发病规律　病原为镰刀菌，属真菌。病原菌以分生孢子及厚垣孢子在病株残体及土壤中越冬，翌年5、6月份病菌自根部侵入，沿根、茎的木质部维管束向上蔓延，可到达树木顶端，病菌毒素破坏维管束的输导功能，致使叶片很快萎蔫枯黄。一般在土壤湿度较大，温度在28℃左右时，有利于该病的发生蔓延。圃地苗木和定植后1～3年的幼树易感病。

防治方法

(1)加强水肥管理，增强植株抗病性，尤其是对新栽植的幼树，除选栽于疏松肥沃排水良好的土壤中，还应科学浇水、施肥，尽量缩短缓苗期，促进健壮生长。

(2)发病严重的苗圃应注意轮作，培育2～3年月季、杨、柳等苗后再育紫荆苗。

(3)城市绿地发现病株后整丛刨除，并用50%苯菌灵可湿性粉剂200倍液灌浇土壤进行消毒，或浇灌5%代森铵可湿性粉剂300倍液、50%苯来特可湿性粉剂1000倍液等，浇灌药液量为4kg/m^2。刨除的病株丛作燃料或切碎后高温沤肥。

紫薇煤污病

又名烟煤病。江苏、河北、河南、北京、上海等紫薇栽培区都有不同程度发生，危害紫薇的叶、嫩梢、枝干，妨碍光合作用，造成植株生长不良，花变小，明显减少花量，妨碍观赏。

症　状　在紫薇叶片新梢等病部先出现油渍状液，阳光下呈明亮点，继而出现暗褐色小霉斑。霉斑进一步扩大为不规则形，甚至在叶片、新梢上布满煤烟状物。煤烟状物可在枝条上多年连续滋生蔓延，以至枝干上也布有煤烟状物。

发病规律　病原为煤炱菌，属真菌。病原菌以菌丝体、分生孢子和子囊孢子在植株病部和落地病叶上越冬。翌年寄主的叶、枝、梢等表面出现紫薇绒蚧、紫薇长斑蚜等刺吸式口器害虫的排泄物、蜜露和植物渗出液时，分生孢子和子囊孢子最易在这些地方萌发生长。1年内多次进行再侵染。一般蚧、蚜等刺吸式口器害虫大量繁殖危害盛期的6～9月，加之温度高、湿度大，有利于病害的发生。植株生于大树荫下，通风透光不良时发病常重。

防治方法

(1)栽植密度适当，不宜过密。尤其是不要将紫薇栽植紧邻其他大树或大树荫下。适当修剪，保持足够的光照和良好的通风。

(2)及时防治蚧、蚜等刺吸式口器害虫。可选喷50%杀螟松乳油1200倍液、40%氧化乐果乳油1000倍液、80%敌敌畏乳油1500倍液、50%三硫磷乳油1500倍液等。还可用松脂合剂15倍液防治蚧虫。

紫薇褐斑病

河北、北京、江苏、上海等地都有不同程度发生，主要危害紫薇等花木的叶片，可造成叶片变黄，提前脱落。

症 状　感病初期叶片出现针头状小点，后逐渐扩大为圆形、近圆形至不规则形病斑，直径2～10mm，几个病斑可相连成更大的斑，紫褐色至褐色。病斑的正面和背面生有灰黑色小霉点，天气潮湿时最明显。

发病规律　病原为真菌，千屈菜尾孢霉。病原菌以菌丝体在植株病叶上或随病落叶在土壤中越冬。植株下部叶较上部叶发病重。温度高、湿度大的7、8月份有利于病害的发生和流行。

防治方法

(1)加强栽培管理，增强抗病性。紫薇喜光，喜温暖气候，有一定耐旱力，不甚耐寒。宜栽植于肥沃、湿润而排水良好的石灰性土壤中，不宜长时间渍水。大苗移栽需带土球。在

紫薇煤污病

紫薇褐斑病

生长期要经常保持土壤湿润，早春施基肥，5～6月施追肥，促进花芽膨大，以保证后秋多开花。冬季整形修剪，剪除徒长枝，重叠过密枝，使枝条分布均匀，冠形完整。栽植不宜过密，注意通风透光。

(2)秋后彻底清除花圃落叶。生长期对公园、绿地、庭院、盆栽的紫薇，可于发病初期摘除病叶，将其集中深埋或高温沤肥。

(3)药剂防治。大面积发生时喷药防治，可选用1∶1∶100波尔多液、75%百菌清可湿性粉剂600～800倍液、50%多菌灵可湿性粉剂500倍液、65%代森锌可湿性粉剂500倍液等，每隔10～15天施药1次，连施2～3次。

紫藤花叶病

紫藤栽培区有零星发生。

症 状 紫藤叶面出现大小不等的褪绿黄色至浅黄色斑块，春季出叶后至6月上旬以前症状较明显，7～8月新叶症状不明显，9月凉爽后症状比较明显，病株新叶全部发病。

发病规律 病原为病毒。靠扦插、压条、分蘖繁殖传播。种子可能不带病毒。

防治方法

(1)加强紫藤栽培管理，增强抗病性。紫藤喜光略耐阴，应植于避风向阳、排水良好、肥沃湿润的土壤，微酸微碱性均可。较耐旱而畏水淹。栽后为使花繁枝茂，应注意施肥、松土、锄草、修枝等管理工作。早春萌发前，可施过

紫藤花叶病，症状

磷酸钙、草木灰等磷、钾肥，生长期追肥2～3次。开花后将花枝留5～6个芽短截，并剪除细弱枝蔓，以促进花芽的形成。注意延长枝不要短截。

(2)注意防治蚜虫等刺吸式口器害虫。

(3)繁殖材料要从无病健株上采集，不从病株上采取。

榆叶梅黑斑病

又名小桃红黑斑病、榆叶梅轮斑病。榆叶梅栽培区都有发生，主要危害榆叶梅叶片，削弱树势，严重时造成叶片早期脱落。

症 状 榆叶梅受害后病斑近圆形，有时病斑发展受叶脉限制呈不规则形，多个病斑还可相连成大斑块。病斑褐色，上面生有黑褐色霉状物，空气湿度大时更明显。

发病规律 病原为真菌，链隔孢霉。病原菌以菌丝体在病落叶、芽鳞中越冬，翌春产生分生孢子，借气流、雨水传播，自气孔侵入，进行新的侵染。

紫藤花叶病，症状 II

榆叶梅黑斑病

生长季节多次进行再侵染。主要侵染发生在夏秋季节，而以秋季发生较为普遍。受害严重的叶片，可导致早落。

防治方法

（1）加强栽培管理。榆叶梅喜阳光充足的环境条件，对土壤要求不严，但以中性至微碱性较肥沃而疏松的砂质壤土为好。耐寒、耐旱能力很强，忌沥涝。每年春季花后要追肥，施以厩肥、饼肥为主的有机肥或复合化肥，生长期再追肥1～2次，以促发新枝和形成花芽。冬前施足基肥，浇足越冬水，注意冬剪，剪除徒长枝；如花芽过多，可对花枝适当短截，以保证花芽饱满。

（2）入冬后彻底清扫花园苗圃内落叶枯枝，集中深埋或高温沤肥。

（3）花前15天喷洒3° Be石硫合剂1次。发病初期喷洒1：1：200波尔多液1～2次，或选喷30%绿得保胶悬剂30～50倍液、70%甲基硫菌灵可湿性粉剂1000倍液、80%代森锌可湿性粉剂700倍液、70%代森锰锌可湿性粉剂400～600倍液、75%百菌清可湿性粉剂800倍液、50%多菌灵可湿性粉剂600倍液等。

槐树褐斑病

又名槐树叶斑病。为最近在河北石家庄市发现的槐树叶部重要病害，危害街道和公路两旁、公园绿地栽植槐树的叶片，造成叶片斑点累累，妨碍光合作用，降低生长率，并影响观赏。

症 状　危害槐树的老叶和嫩叶产生病斑，初为直径1～2mm圆形黄斑，后继续扩大，为直径3～12mm，近圆形大斑，边缘褐色，外镶黄色细边，中间灰白色，后期其上密生小黑点，继而可形成穿孔。发生于叶缘的病斑常呈不规则形，每叶病斑数由3～5到10多个不等。严重时引起早期落叶。

发病规律　病原为坏死假尾孢菌，属真菌。病原菌在落地的病叶上越冬，翌春产生分生孢子进行初侵染，自气孔或直接侵入。在整个生长季节多次产生分生孢子多次再侵染，扩大

槐树褐斑病，城市行道树被害状，症状 I

槐树褐斑病，症状 II

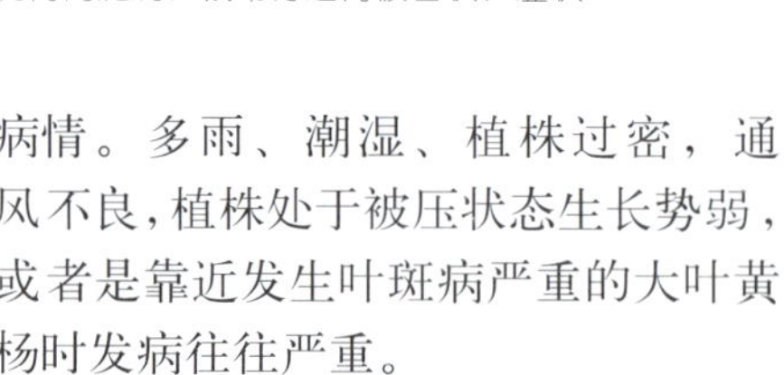

病情。多雨、潮湿、植株过密，通风不良，植株处于被压状态生长势弱，或者是靠近发生叶斑病严重的大叶黄杨时发病往往严重。

防治方法

（1）秋后认真清扫绿化区内的落叶，集中深埋或高温沤肥。

（2）发病初期喷洒25%络氨铜水剂、56%靠山水分散粒剂、1∶2∶200波尔多液等保护性杀菌剂，或选喷65%代森锌可湿性粉剂600倍液、50%多菌灵可湿性粉剂800～1000倍液、70%甲基硫菌灵可湿性粉剂1000倍液、80%代森锌可湿性粉剂800倍液。

碧桃流胶病

又名碧桃瘤皮病、疣皮病。各碧桃栽培区都有不同程度发生，危害碧桃、等，削弱树势，严重时全株枯死。

症 状　主要危害枝、干，亦危害果实。枝干皮层表面以皮孔为中心隆起，渐生出黑色小点，后开裂，陆续溢出透明、柔软状树脂，由黄白色渐次变为褐色、红褐色至茶褐色硬块。果实受害，果面溢出黄色胶质。枝、干病部易被腐朽病菌侵染，使皮层和木质部变褐腐朽，树势衰弱，叶片稀疏变黄，严重时可造成全树枯死。

发病规律　病原为真菌，茶藨子葡萄座腔菌。病菌以菌丝体和分生孢子器在被害枝、干部越冬，翌春3、4月间产生大量分生孢子，借风雨传播，从枝、干皮孔侵入造成新的侵染。当日气温在15℃左右时病部即开始渗出胶液，随气温上升，流胶点和流出的胶液量均增多。一般土壤瘠薄、肥水不足，修剪不当、负载量过大、其他病虫害严重等都可诱发该病。

碧桃流胶病

防治方法

(1)强化水肥土管理，增强树势。碧桃喜光，耐旱，喜温暖气候，亦较耐寒。应栽植于地势开阔，光照充足，土壤肥沃疏松排水良好的地方，忌水湿、水淹和盐碱地。冬季施足基肥，生长季节追肥1～2次，注意增施磷钾肥。天旱时宜勤浇水，但不宜过湿。修剪以疏枝为主，多整为自然开心形。及时防治天牛、小绿叶蝉、蚜虫等害虫。

(2)结合冬剪，剪除病枝梢。

(3)发现流胶后及早除治。休眠期刮去胶块，再涂抹70%甲基硫菌灵可湿性粉剂300倍液、50%退菌特可湿性粉剂300倍液或抗菌剂102的100倍液等。在生长季节，5～6月喷药防治，可选用50%混杀硫悬浮剂500倍液、50%多菌灵可湿性粉剂800倍液、70%甲基硫菌灵超微可湿性粉剂1000倍液等，每10～15天喷1次，连喷2～3次。

蜀葵枯斑病

又名蜀葵褐斑病。蜀葵栽培区都有发生，危害其叶片，造成叶片干枯，妨碍开花和观赏。

症 状 叶面病斑主要有2种类型：①圆形或近圆形，多发生于叶片中间部分，直径3～10mm，灰白色，边缘褐色，后期病斑上散生小黑点。②多发生于叶尖或叶缘，病部初为淡褐色小点，后渐扩大为被侧脉相隔的近似三角形大斑，有的在叶缘呈不规则形斑，灰白色，边缘褐色。后期病斑上散生小黑点，病斑破裂。

发病规律 病原为真菌，蜀葵褐斑

蜀葵枯斑病，发生环境为城市居民小区内绿地

蜀葵枯斑病，症状 I

蜀葵枯斑病，症状 II

叶点霉和蜀葵叶点霉。病原菌以菌丝体或分生孢子器在病落叶上越冬，翌春产生分生孢子，借风雨传播，侵染叶片，每年5～10月都可发病。一般水、肥管理失调，缺肥，水分供应不足，植株生长不良，发病常重。下部老叶较上部叶片发病多。

防治方法

（1）加强栽培管理。蜀葵为多年生草本，常作2年生栽培。喜阳光，耐寒性较强，在北京一带可露地越冬。对土壤要求不严，但喜土层深厚，肥沃湿润富含腐殖质的土壤。播种或分株繁殖，夏、秋采种后即播，如春播翌年才可开花。能自播繁衍。分株宜在秋凉后至翌春抽茎前进行。生长期适宜追液肥，花蕾形成后再追肥1次，春前花茎抽出后进行摘心，促进分枝，使植株矮化、花多。花后植株在距根颈15cm处剪断，老根可萌发新芽。多年生衰老植株，应挖除另植新苗，或挖起分株更新，促进复壮。采种应于分果片中部发黑、边缘泛黄时进行，过迟则自行散落。

（2）园圃卫生。彻底清除秋季花后修剪下的枯枝落叶，捡净根颈处残叶，集中深埋。

(3)发病初期，喷洒50%多菌灵可湿性粉剂1000倍液、65%代森锌可湿性粉剂500倍液等，2～3次，每次相隔10～15天。

第三篇

城市绿地常见害虫诊治

大黑鳃金龟

又名华北大黑鳃金龟、朝鲜黑金龟子。分布于内蒙古、山西、河北、北京、天津、河南、陕西、宁夏、辽宁、吉林、黑龙江、山东、江苏等地。危害月季、紫荆、紫薇、木槿、槐树、杨、柳、榆、桑、茶、刺槐、水曲柳、苹果、梨、红松、油松、落叶松等。

危害状　幼虫在地下啃食幼苗根部、嫩茎，引起苗木枯黄，甚至死亡，造成缺苗断垄。成虫啃食嫩叶、嫩芽，造成叶片缺损、孔洞，是主要的园林苗圃害虫之一。

形态特征

成虫　体长16.5～22.5mm，宽9.4～11.2mm，长椭圆形。初羽化时体为红棕色，逐渐变为褐色至黑色，有光泽，头部大，密生点刻。触角10节，红褐色。复眼发达。前胸背板长4.7～5.2mm，宽6.6～8.3mm，侧缘和后缘中部向外突出，前缘中部略呈弧形凹陷。背板上有许多点刻。鞘翅长12.0～14.2mm；翅肩瘤明显，鞘翅外缘及两鞘翅会合处有纵行隆起，每个鞘翅上有3条不明显隆起带，翅上刻点较多。前足胫节外侧有3个齿，较锋利，内侧生1根棘刺与中齿相对。后足胫节端部一侧生有2个端距。跗节细长，5节，末节较长，前端生1对爪，每个爪的中部垂直着生1对锐齿。腹部腹板生有黄色绒毛，腹部光亮，分节线中部不明显。雄虫末节中部凹陷，其前1节中央有1个三角形横沟，生殖孔前缘中央向前凹陷。雌虫末节隆起，生殖孔前缘中央不向前凹陷。

卵　长椭圆形并带黄绿色光泽，长2.5mm，宽1.5mm，逐渐发育成圆而洁白的球形。

幼虫　3龄幼虫末期体长约30.9mm，头宽约5.4mm。头部红褐色，前顶毛每侧3根（冠缝侧2根，额缝侧

大黑鳃金龟，成虫

1根），后顶毛每侧1根。后爪明显较前爪为小。臀节较尖，其腹面上无刺毛列，只有钩状毛呈三角形分布。肛门孔呈三射裂状。

蛹 体长21～23mm，宽11～12mm，黄褐色，近羽化时色泽加深。复眼黑色。蛹体向腹面弯曲，前3对气门明显，圆形，围气门片深褐色，腹背部有2对发音器。尾节瘦长，端部生1对尾角。尾节腹面雄蛹有3个毗连的瘤状突起，雌蛹则无。

生活习性 在辽宁、河北2年1代，历时700天左右，以成虫或幼虫在56～149cm土壤深处（幼虫）或较浅处（成虫）越冬。翌年4、5月随地温升高，越冬成虫由下向上移至2～5cm深处，当日均气温15～18℃，10cm深土层地温达到16～17℃时，成虫开始出土，活动盛期适温为22℃。晴天、温暖、无风天气出土多；阴天、低温、刮冷凉的南风出土显著减少；阴湿、下雨或虽不下雨但刮北风则不出土。出土后30～50天最为活跃，喜于花木丛中、杂草较多的路旁、花圃边聚集取食和交尾。成虫喜食树芽和嫩叶。成虫多次交尾分批产卵，卵散产于湿润土壤内10～15cm深处。卵期约16天。初孵幼虫白色。幼虫常沿垄向移动危害苗木，在新鲜被害株下很易找到幼虫。幼虫在土中上下活动性较强，年内因地温升降而上下移动。春季10cm地温达到10℃时，幼虫由土壤深处向上移动，地温约20℃时主要在10cm深以上土壤内活动取食。若遇降雨或浇水则自动下移至土壤深层较适宜的位置暂停危害。有时被水浸渍时，幼虫在土中做一穴室不食不动，如浸渍超过3天，常窒息而死。秋季地温下降至10℃以下，幼虫又移向深处，5℃以下全部钻入56～149cm深土壤中越冬，成虫越冬较幼虫为浅。幼虫共3龄，历期约360天。越冬幼虫翌年4月上中旬开始上升危害，直至7月中旬开始化蛹。蛹期平均19.5天。在河北中、南部成虫7月上旬开始羽化，在辽宁铁岭成虫8月上旬开始羽化，盛期在8月中、下旬，10月初羽化结束，历期约70天。羽化的成虫入土7～40cm深处越冬。成虫寿命雌56～122天，雄41～133天。成、幼虫有隔年发生危害现象，多数地区是逢双数年以成虫越冬，逢单数年以幼虫越冬；有的地区与此相反，个别地块成、幼虫混生。天敌主要有蟾蜍、线虫、寄生蝇、食虫虻、土蜂、黄蚂蚁等。

防治方法

（1）防治策略。成虫盛发年集中消灭成虫，幼虫盛发年集中消灭幼虫。

（2）除治成虫。一是人工捕捉。在成虫发生期，于每晚取食交尾时进行，特别注意捕捉园圃周围的羊蹄草和刺儿菜等杂草上的成虫。二是药剂防治。在成虫出土始盛期，喷洒90%敌百虫晶体800～1000倍液、50%马拉硫磷乳油1500倍液、50%辛硫磷乳油2000倍液、25%对硫磷微胶囊剂2000倍液等；或喷粉，选用2.5%敌百虫粉剂，用量为15～30kg／hm^2，1.5%甲基对硫磷与3%敌百虫粉混合剂，用量为15kg／hm^2

等。三是药枝诱杀。取长20～30cm的榆、杨、刺槐带叶新枝，蘸上40%氧化乐果乳油30倍液，于傍晚插于受害园圃，150～225枝／hm^2；或用加杨、刺槐等树叶150～225小堆／hm^2，在小堆树叶上喷洒40%氧化乐果乳油800倍液诱杀。

（3）除治幼虫。一是拌种，播种前用花木种子重量0.25%的60%辛硫磷乳油拌种，或选用40%甲基异柳磷、25%辛硫磷微胶囊剂等。二是土壤处理。用5%辛硫磷颗粒剂，或5%倍硫磷颗粒剂，30kg/hm^2，结合耕翻将药剂翻入土中；或用60%辛硫磷乳油加15倍水，喷拌细土或细粪制成毒土或毒粪，播种时撒在播种沟内或施在苗床上覆土整平，毒土、毒粪用量为300kg/hm^2。在苗圃作床时，使用1%杀灭菊酯颗粒剂2g/m^2或1%灭幼脲3号颗粒剂1g/m^2、1.5%辛硫磷微胶囊颗粒剂3g/m^2，拌入2～3倍细土，施在苗床上整平。三是药液灌根。出土或定苗后幼虫大量发生的地块或苗床，用90%敌百虫晶体、50%对硫磷乳油、80%敌敌畏乳油等1000倍液，灌于苗木根部。四是利用幼虫的寄生菌乳状菌防治。

（4）花圃要施用充分腐熟的厩肥，没有发透的厩肥不要用。

大蓑蛾

又名大袋蛾、大皮虫、避债蛾、布袋虫。分布于江苏、浙江、山东、河北、安徽、河南、福建、湖南、湖北、四川、云南、广东、台湾、广西、贵州、江西等地。危害蜡梅、梅花、月季、蔷薇、向日葵、牡丹、海棠、雪松、木槿、丁香、蜀葵、美人蕉、山茶、银柳、六月雪、杜鹃、泡桐、悬铃木、重阳木、麻栎、扁柏、白榆、刺槐、垂柳、苹果、梨、桃、板栗、枣、柑橘、枇杷、龙眼、核桃、香樟、桉、咖啡、茶、葡萄、柿、杏、李等。

大蓑蛾，越年袋囊状

危害状　幼虫咬食寄主的叶，啮食茎干表皮，吐丝缀叶成囊，躲藏其中，头伸出囊外取食，常将树叶吃光，为重要的园林绿化害虫。

形态特征

成虫　雌体长23～36mm，肥大，淡黄色或乳白色，翅、足均退化，触角很小，口器、复眼均较退化，头部小，淡赤褐色，胸部背中央有1条褐色纵脊，胸部及第1腹节侧面有黄色毛，第7腹节后缘有黄色短毛带，第8腹节以下急骤收缩，外生殖器发达。雄体长15～20mm，翅展26～35mm，体褐色，有淡色纵纹。前翅红褐色，有黑色和棕色斑纹，在R4与R5脉间基半部、R5与M1脉间外缘、M2与M3脉间多有1个透明斑，A脉与后缘间有数条横纹；后翅黑褐色，略带红褐色，前，后翅中室内中脉叉状分支明显。

卵　初产时乳白色，渐变为棕黄色，椭圆形，长0.8～1.0mm。虫囊内卵堆圆锥形，上面呈凹的球面形。

幼虫　初龄黄色，斑纹少，3龄时可区分雌雄。雌性老熟幼虫体长25～40mm，粗肥，头部赤褐色，头顶有环状斑，胸部背板骨化，亚背线、气门上线附近有大型赤褐色斑，呈深褐淡黄相间的斑纹，腹部黑褐色，各节有皱纹，腹足趾钩缺环状。雄性老熟幼虫体长18～25mm，头黄褐色，中央有1个白色“八”字形纹，胸部灰黄褐色，背侧亦有2条褐色纵斑，腹部黄褐色，背面较暗，有横纹。幼虫藏于虫囊内，虫囊纺锤形，取食时囊的上端有1条柔软的颈圈。雄囊的下部较细，雌囊的下部则较粗大。老熟幼虫袋囊长40～70mm，丝质坚实，囊外附有较大的碎叶片，也有少数排列零散的枝梗。

蛹　雌体长28～32mm，赤褐色，头、胸附器均消失。雄体长18～24mm，暗褐色，翅芽伸达第3腹节后缘，第3～5腹节背面前缘各有1横列小齿，尾部具2枚小臀棘。

生活习性　江淮地区1年1代，华南1年2代，均以老熟幼虫在虫囊中越冬。在河北南部翌年4月下旬至7月上旬化蛹，5月中旬为化蛹盛期。5月下旬至7月上旬为成虫羽化期，盛期在6月上旬，并很快交尾产卵，6月上旬至7月底为幼虫孵化期，6月中旬为盛孵期。10月中、下旬老熟幼虫封囊越冬。幼虫孵化滞留蛹壳内2天左右后，爬出母囊，吐丝下垂，腹部竖起以胸足在枝干爬行，在枝叶上稍事活动后，即吐丝缀碎叶作囊，将虫体隐于其中。幼虫负袋爬行传播，将头部伸出袋外取食。老熟幼虫于囊袋内化蛹，羽化后，雌成虫产卵于蛹壳内聚集成堆。幼虫趋向于阳光较充足的枝条上活动危害，林缘较林内多，树冠外部枝条较内膛枝多。幼虫喜食悬铃木、泡桐、黄连木等，不喜食香椿、合欢、梓树、槐树、女贞、无患子、喜树、苦楝等。天敌种类多，幼虫期有蜘蛛、蚂蚁、瓢虫、大袋蛾杆状病毒、家蚕追寄蝇、伞裙追寄蝇、红尾追寄蝇、四斑尼尔寄蝇、鸟类等。

防治方法

(1)摘除虫囊。结合修枝整形等园艺技术管理，随时剪除虫囊，以冬季剪除越冬虫囊为好。

(2)幼虫危害期，喷洒100亿活孢子/ml青虫菌200倍液，或选喷如下化学药剂：20%氰马乳油2000倍液、2.5%功夫乳油3000倍液、20%速灭杀丁乳油3500倍液、80%敌敌畏乳油1500倍液、40%氧化乐果乳油1500倍液等。

(3)冬季采集虫囊放于天敌保护器内，春季悬挂于花木间。

小红蛱蝶

又名赤蛱蝶、花蛱蝶、苎麻蛱蝶、苎麻赤蛱蝶、斑赤蛱蝶、姬赤蛱蝶。分布于陕西、四川、青海、山东、浙江、河北、湖南、江西、福建、广东、北京、天津、辽宁、吉林、黑龙江等地。以幼虫危害万寿菊、菊花、一串红等草本花卉的叶片。

危害状　幼虫将叶片卷起取食，严重时将叶片吃成网状，甚至吃光。

形态特征

成虫　体长17～21mm，翅展53～65mm。前翅顶角突出，略弯，端部圆钝，翅底黑色或黑褐色，基部及后缘暗黄褐色，中部有1条不规则的橙黄色宽横带；顶角内侧近中端处有1个较大的长形白斑，亚端区有4个白斑，中间2个最小；外缘有1列短线状的黄白色斑纹，后半部多不明显。后翅基部与前缘暗褐色，内缘密被黄褐色长毛，其余部分为橙黄色或橙红色，沿外缘有3列黑褐色斑，中列最小，内列圆形最大。前翅反面中室基部黄白色，内具2个小黑点，其外1个在红区内；中部橙色宽带较正面鲜艳，顶角为淡黄褐色，其余斑纹与正面同。后翅反面基部多灰白色线纹围成的不规则的、深浅不同的褐色斑，中部色略淡，外缘具1列由淡紫色长斑组成的断续的带纹，其内侧有4～5个中心具青鳞的眼状斑。雌体较大，翅较圆阔，雌雄斑色相同。

卵　椭圆形，竖立，淡绿色，表面有纵脊16条。

幼虫　老熟幼虫体长30mm左右。

小红蛱蝶，成虫

中华蚱蜢，成虫头部形态

体暗褐色，背线黑色，亚背线黄、褐、黑3种颜色相杂；气门下线黄色，较粗，有瘤状突起，气门后方有1个横纹；腹面淡红色；体上有7列黑色短枝刺，有时为黄绿色。头部略带方形，毛瘤小。

蛹 圆锥形，背面高低不平，其中腹部背面有7列突起，以亚背线突起最大。

生活习性 1年发生代数，南方2代，北方1代。在河北中南部成虫于8、9月大量出现，白天飞翔，喜食榆树汁液和柳大瘤蚜分泌的蜜汁，分散产卵，每叶产卵1～2粒。幼虫5龄。老熟幼虫吐丝将尾端钩缀在叶片上，呈倒悬状态再行化蛹。

防治方法

(1)在成虫发生盛期，用捕虫网人工捕捉成虫。在卵期和蛹期，人工摘除着卵叶和在植株上垂挂的蛹。

(2)注意铲除花圃及其周围杂草，清除枯枝落叶。

(3)农药防治。低龄幼虫期喷洒农药。喷洒Bt乳剂，100亿活孢子/g的700倍液以及三苦素500倍液等。还可选喷90%敌百虫晶体1000～1200倍液、20%速灭杀丁乳油3500倍液等。

中华蚱蜢

又名大尖头蜢。分布于四川、江苏、安徽、浙江、河南、广东、陕西、河北、江西、山东、北京等地。成虫、若虫危害草坪草、杨、柳、榆、苹果、梨、桃、泡桐、茶等。

危害状 成虫和若虫蚕食植株叶片和嫩茎，大发生时将叶片吃光。

形态特征

成虫 体长雌58～81mm，雄30～47mm；前翅长雌47～65mm，雄25～36mm。后足腿节长度雌40～43mm，雄20～22mm。体细长，头圆锥形，明显长于前胸背板，头顶突出，中央纵隆线明显，颜面极向后倾斜，颜面隆起极狭，全长具纵沟。复眼长卵形，着生于头部近前端。触角剑状，较短，基部数节较宽。前胸背板宽平，具小颗粒，侧片后

中华蚱蜢，成虫危害草坪

下角呈锐角，向后突出。前翅发达，狭长，超过后足腿节顶端，翅顶尖锐；后翅略短于前翅，长三角形。后足腿节细长，跗节爪间中垫长，超过爪端。产卵瓣粗短，下生殖板后缘具3个突起。

卵　初产卵壳表面具有由小瘤状突起组成的近圆形而不封闭的小室，在小室中央有1个瘤状突起。随着卵的发育，卵壳表面的小瘤状突起呈不规则分布。卵囊长43～67mm，粗径8～9mm，其长与粗径之比大于5，形状多种多样，一般下端较粗，向上渐细。卵囊壁土质。在卵室内，卵粒与卵囊纵轴呈倾斜状或垂直状堆积排列。

中华蚱蜢，若虫

若虫　形体似成虫，但小而无翅，共6龄。

生活习性　1年1代，以卵在土中卵囊内越冬。在河北南部平原6月上旬越冬卵孵化，初孵蝗蝻出现，10月上、中旬成虫产卵。冬暖多雪，利于

中华蚱蜢，成虫危害夹竹桃

卵的越冬。干旱年份，管理粗放的草坪、园圃有利于发生危害。阴湿多雨土壤湿度大，不利于卵的孵化和蝗蝻发育。在草坪上，该虫常与黄胫小车蝗、黑翅雏蝗等混合发生。

防治方法

(1)加强草坪和花卉园、圃管理，秋后挖翻其附近地埂、土道两旁的土壤，破坏卵囊。

(2)保护麻雀等鸟类和蜘蛛、螳螂等天敌。

(3)人工网捕成虫、若虫。

(4)结合防治其他害虫，抓住2～3龄若虫期喷洒农药。可选用三苦素500倍液、20%速灭杀丁乳油3500倍液、4%敌马粉剂1.5kg/667m^2、3.5%甲敌粉剂1.5～2.0kg/667m^2、50%马拉硫磷乳油1500倍液、40%氧化乐果乳油1000倍液等。

六星吉丁虫

又名串皮虫、溜皮虫、柑橘星吉丁、六斑吉丁虫。分布于辽宁、山东、河北、黑龙江、吉林、宁夏、陕西、江苏、湖南、甘肃、上海、河南、福建等地。幼虫蛀食梅花、木槿、樱花、桃、五角枫、柑橘、苹果、枣、梨、核桃、栗、樱桃等。

危害状　幼虫蛀食寄主的枝干皮层、韧皮部和木质部，皮下有不规则虫道，可削弱树势，造成整株死亡；成虫

六星吉丁虫，成虫形态，栖息于公园内的木槿上

取食树皮和叶片。

形态特征

成虫　体长约13mm，全体紫褐色，有紫色闪光。复眼椭圆形，黑褐色。触角锯齿状，紫褐色。鞘翅上各有3个金绿色小斑点，近圆形，稍凹陷，肩角下方各有1个长形浅凹陷。腹面中间部分及腿节内侧翠绿色闪光明显。足的其他部分紫褐色。

卵　椭圆形，乳白色，外附绿褐色粉状物。

幼虫　老熟体长16～26mm。体白色，扁。头小。前胸特别膨大，背板具黄褐色“人”字形纹。

蛹　乳白色，体型大小似成虫。

生活习性　1年1代，以幼虫在木质部内越冬。翌年4月化蛹，蛹期约30天，5、6月间成虫羽化。成虫白天活动，觅偶产卵。雌成虫多选择主干分叉和树皮裂缝处产卵。卵期20天左右。6、7月间幼虫孵化，先钻入韧皮部取食，蛀道扁平不规则。8月下旬后钻入木质部蛀食并在其中越冬，树干外表不易发现。成虫取食树皮、叶片补充营养。衰弱木、濒死木受害常重。

防治方法

(1)加强栽培管理，合理松土、浇水、施肥，促进花木健壮生长，增强树体抗虫性。对衰弱木要根据不同树种引起衰弱原因的不同，有针对性的采取措施，尽快恢复树势。对珍稀的濒死木，积极抢救，在抢救期内，于成虫发生期内喷洒2～3次杀虫剂，杀灭成虫，保护树体。对一般的濒死木要果断伐除，并运出园外，剥掉树皮，防止吉丁虫滋生。

(2)在成虫羽化前的冬春季节，彻底剪除树上的枯枝，消灭枝内的幼虫或蛹。刮除粗树皮，刮杀幼虫。树干涂白，防止产卵。

(3)药剂防治。成虫羽化始盛期，结合其他害虫防治，选喷80%敌敌畏乳油1000倍液。50%对硫磷乳油2000倍液、40%氧化乐果乳油1200倍液等，每10天喷1次，共喷2～3次，杀灭成虫、卵或初孵幼虫。或用80%敌敌畏乳油的煤油20倍稀释液，点涂幼虫侵入孔，杀灭幼虫。

双条杉天牛

又名柏双条杉天牛。分布于四川、江西、贵州、安徽、湖北、河北、江苏、广西、陕西、河南、甘肃、北京、天津、山西、内蒙古、山东、青海、云南、广东、福建、辽宁、吉林、黑龙江等地。幼虫危害侧柏、圆柏、扁柏、罗汉松、马尾松、杉等的干部，可致树木死亡。

危害状　幼虫钻蛀新植树木和衰弱木，被害处树皮缝出现少量碎屑，用手按时树皮发软，剥开树皮，内有碎木屑和虫粪。

形态特征

成虫　体长约14mm，宽约4.5mm。体型阔扁。头部、前胸黑色，触角及足黑褐色。触角短，雌虫为体体长的1/2，雄虫超过3/4。前胸两侧弧形，背面具5个光滑瘤突（前2后3），呈梅花形，中胸及后胸腹面均有黄色绒毛。鞘翅棕黄色及黑色带纹相间，基部及中部的后方为棕黄带，在中部及末端部为黑色带。腹部为巧克力色，亦被绒毛，末端超过鞘翅。足被黄色竖毛。

卵　椭圆形，乳白色，长约1.6mm。

幼虫　乳白色。老熟幼虫体长13～22mm，略呈圆筒形，由前部向后部渐扁。头部黄褐色，并有1个三角斑纹。胴部13节。前胸背板前端有2个黄褐色横斑，其上密生红褐色刚毛，中区色较淡，后区与侧区之间乳白色，光滑，具极细纵皱纹。腹部步泡突凸出较低。触角第1节端部外侧具刚毛5～6根。

蛹　淡黄色，长15mm。触角自胸背迂回到腹面，末端达中足腿节中部。

生活习性　北京地区多1年1代，少有2年1代，主要以成虫，个别以幼虫和蛹在坑道内越冬。翌春气温升到10℃以上，3月底4月初柳树吐出5～10mm新芽时，越冬成虫把树皮咬个扁圆形羽化孔爬出。成虫白天多藏在树皮裂缝、树干基部、土缝等阴暗处，夜晚活动。喜产卵于衰弱木、濒死木或伐倒木上。雌虫在树干树皮上咬较浅伤痕，产卵其中，亦在树皮缝里产卵，每处3～5粒。4月上、中旬幼虫孵化，蛀入树皮下，蛀食树皮和木质部表面成不规则弯曲坑道。坑道内充满黄白色

双条杉天牛，成虫形态

双条杉天牛，幼虫形态

木屑和虫粪。坑道处树皮极易脱落。如幼虫蛀食树干1周，树木即枯死。8～9月老熟幼虫蛀入木质部深2～3cm处，在坑道末端作蛹室化蛹，10月羽化成虫，即在坑道内越冬。幼虫有茧蜂寄生。

防治方法

（1）增强树势是防治的根本性措施，一是加强施肥、浇水、松土，在园林绿化区游人多地面易板结的地方尤为重要。二是新植树木要随起随栽，大树要带土移植，加支柱防风，尽量缩短缓苗期。三是对古柏实施复壮措施，增强抗虫性。

（2）冬季和早春及时伐除濒死木、枯立木以及受害严重已无培育前途的树木，并将伐倒的虫害枝干彻底进行灭疫处理。

（3）设饵木诱杀成虫。用直径4cm以上新鲜柏木，每段长1～2m，7～8根为一堆，堆集于虫害严重的树木附近阳光处，引诱成虫产卵，白天在木堆上捕杀成虫，成虫期结束后扒下柏木段的皮烧毁。

（4）在幼虫危害初期释放管氏肿腿蜂。注意保护啄木鸟、茧蜂等天敌。

（5）大树移植时，在缓苗期为防成虫到树上产卵，可在成虫发生期往枝、干上喷洒2～3次2.5%敌杀死乳油3000倍液或2.5%保得乳油2500倍液、2.5%功夫乳油3200倍液等。

日本长白盾蚧

又名杨白片盾蚧、梨白片盾蚧。

日本长白盾蚧，危害刺玫致死状

全国分布。危害黄刺玫、皂角、榆、槐、杨、苹果、梨、樱花、樱桃、李、柿、花椒、山楂等。

危害状　成虫、若虫吸食寄主的枝、干的汁液，虫口密度常极大，严重削弱树势，甚至导致黄刺玫等枯死。

形态特征

成虫　雌介壳长纺锤形，略弯或直，背面隆起，壳点1个，突出于头端，暗褐色，介壳表面具一层灰白色蜡质分泌物。雌成虫体长纺锤形，淡紫色，腹末黄色。体两侧各有1列小圆锥状齿突。触角短，有4根长毛。前气门有6～11个盘状腺。臀板宽而浑圆，臀叶2对发达，臀叶两侧缘在中部有深缺刻。臀栉细长，呈刷状。背腺管小，每侧25～35个。围阴腺5群。臀板背面有8对圆形硬化斑。雄介壳似雌介壳，但略小，呈白色。雄虫紫褐色，翅白色透明，性刺黄色。

若虫 1龄体圆形，前端稍狭，触角5节，第5节最长，生有7根长毛，以末端2根最长，腹节边缘有腺孔及细毛。臀板有臀叶。

生活习性 1年发生代数，华北2代，以若虫在枝干上越冬；湖南、浙江3代，以老熟若虫和前蛹在枝干上越冬。若虫孵化后在寄主枝干上爬行，寻找适宜场所固定危害。

防治方法

(1)在第1代若虫孵化盛期喷洒20号石油乳剂30倍液、50%久效磷乳油1000倍液、40%氧化乐果乳油1000倍液等。

(2)于5、6月间在树干涂抹毒环毒杀成、若虫，可选用上述后2种药剂的10～15倍液。

古毒蛾

又名褐纹毒蛾、桦纹毒蛾、落叶松毒蛾、缨尾毛虫。分布于山西、河北、内蒙古、辽宁、吉林、黑龙江、山东、河南、西藏、甘肃、宁夏等地。危害月季、蔷薇、杨、槭、柳、山楂、苹果、梨、李、栎、桦、桤木、榛、鹅耳枥、云杉、松、落叶松等。

危害状 低龄幼虫取食嫩芽、嫩叶、叶肉，稍大后食叶呈缺刻或孔洞，有时取食叶片仅剩下主脉，虫口密度大时可将整株叶片吃光。

形态特征

成虫 雌雄异型。雄蛾体长10～12mm，翅展25～28mm。触角羽状，干浅棕灰色。体灰棕色微带黄色。前翅棕黄色，中室后缘近基部有一个褐色圆斑，不甚清晰；内线褐色，外弓；横脉纹新月形，深橙黄色，边缘褐色；外线褐色，较宽，微锯齿形，从前缘至M1脉外伸，M1脉至M2脉较直，M1脉至Cu1脉内斜，然后内弯至后缘，外线至亚端线间褐色，前缘色淡；在Cu2脉与A1脉间有1个半圆形白斑；缘毛黄褐色有深褐色斑。后翅色泽与前翅相同，基部与后缘色暗，无明显花纹。雌蛾纺锤形，体长10～20mm，体被灰黄色茸毛，头、胸部小，复眼球形黑色；触角丝状，短，触角干黄色；翅退化，仅有极小翅痕，体被灰黄色细毛，腹部肥大粗壮，黑色，被黄色短毛，爪腹面有短齿。

卵 圆形稍扁，直径约0.9mm，白色或淡褐色，中央稍凹陷。

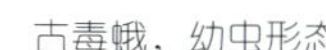
古毒蛾，幼虫形态

古毒蛾，幼虫危害月季叶片状

古毒蛾，幼虫危害蜀葵叶片状

幼虫 体长25～36mm，头黑褐色，体黑灰色，有红色及黄白色花纹，腹面浅黄色，胴部有红色和淡黄色瘤。前胸盾橘黄色，其两侧及第8腹节背面中央各有1束黑而长的毛。第1～4腹节背面具黄白色刷状毛4丛。第1～2节侧面各有1束黑长毛。

蛹 体长：雄10～12mm，锥形，黑褐色；雌15～21mm，纺锤形，黑褐色，被灰白色绒毛。茧灰褐色，丝质较薄，上有幼虫体毛。

生活习性 北京地区1年发生3代，黑龙江北部1代，以卵在茧内越冬。雌蛾将卵产在茧内，偶有产于茧上或附近的。每雌产卵150～300粒。幼虫孵化后2天开始取食，群集于芽、叶上，能吐丝下垂借风力传播。稍大后分散活动，昼夜均在危害处，但取食多在夜间，常将叶片吃光，白天在原处不动。老熟后多在树冠下部外围细枝、粗枝分杈处或皮缝中结茧化蛹。幼虫共5～6龄。寄生性天敌已知50余种，主要有小茧蜂、细蜂、姬蜂、寄生蝇等。

防治方法

(1)冬春结合修枝抚育管理，人工摘除卵块，并将其放入天敌保护器内，天敌羽化后，放走卵寄生天敌，杀死古毒蛾幼虫。

(2)药剂防治：越冬卵孵化盛期是施药的关键时期，可选喷三苦素500倍液、100亿活孢子/mlBt乳剂600倍液、50～70亿活孢子/ml白僵菌粉剂、80%敌敌畏乳油1500倍液、20%速灭杀丁乳油4000倍液、10%天王星乳油5000倍液、2.5%功夫乳油3500倍液等。

光肩星天牛

又名光肩天牛、柳星天牛、花牛。分布于辽宁、河北、宁夏、天津、北京、内蒙古、陕西、甘肃、河南、山西、山东、江苏、安徽、江西、湖北、湖南、四川、上海、浙江、福建、广东、广西、云南、贵州等地。幼虫危害梅、馒头柳、旱柳、榆、杨、苹果、梨、山楂、樱桃、李、栾树、元宝枫等。以三北防护林建设区、华北平原农田林网、城镇行道树受害最重，受害木质常被蛀空，削弱树势，树干风折，或整株死亡。

危害状　幼虫蛀食树干，在生长期，寄主树干和主枝上有排粪孔，孔口有树液和锯末状虫粪排出，虫粪堆积于地面。杨、榆等树木的主干枝杈处有大型虫苞。成虫补充营养，取食叶和嫩枝的皮。

形态特征

成虫　体长20～36mm，宽6.5～11.5mm。体色黑色中带紫铜色，有时微带绿色。前胸背板无毛斑，中瘤不显突，侧刺突较尖锐。中胸腹板瘤突较不发达。鞘翅基部无颗粒，光滑，翅面刻点较密，有细小皱纹，白色毛斑大小及排列很不规则，有时较不清晰。足及腹面黑色，密被蓝白色绒毛。

卵　白色，长5.5～7.0mm，两端稍弯，近孵化时变为黄色。

幼虫　初孵幼虫乳白色，老熟略带黄色，体长约55mm。前胸背板前端的飞鸟形斑纹不明显，后区“凸”字形斑的前缘全无深褐色的细边。下颚叶短小，不超过下颚须第2节顶端；锥形主感器稍长于触角第3节。中前腹片的中部两侧无明显的卵形微粒斑，前胸腹板后方的小腹片褶骨化程度不显著，前缘无明显的纵脊纹。腹

光肩星天牛，公路行道树北京杨严重被害枝干折断状

光肩星天牛，成虫交尾状 I

部背面可见9节，第10节变为乳头状突起，第1～7腹节背面各有1个步泡突，背面的步泡突中央具横沟2条，腹面的则为1条。

蛹 乳白色至黄白色。体长30～37mm，宽约11mm。附肢颜色较淡。触角前端卷曲成环形，显于前足、中足及翅上。前胸背板两侧各有侧刺突1个。第8节背板上有1个向上生的棘状突起；腹面呈尾足状，其下面及后面有若干黑褐色小刺。

生活习性 山西、河北2～3年1代，辽宁、山东、河南、江苏2年1代或1年1代。以幼虫（在隧道内）、卵壳内发育完全的幼虫或卵（在树皮产卵刻槽内）越冬。多以幼虫越冬。在同一地区完成1代所需的时间，与越冬虫态有直接关系，一般以1～3龄幼虫越冬的，需时较短，而以卵及卵壳内发育完全的幼虫越冬的，则需时较长。以老熟幼虫越冬翌春直接化蛹。在华北中、南部其他越冬幼虫翌春3月下旬开始取食，4、5月间开始在隧道上部作蛹室。6月中、下旬为化蛹盛期。蛹期平均为19.6天。成虫羽化后在蛹室内停留7天左右，于6月上旬开始出孔。成虫啃食寄主的嫩枝皮补充营养，飞翔力不强，夜晚多栖息在树冠上，白天气温增高时，才到树干上、大枝上交尾产卵。产卵前成虫以上颚在树干上咬成1个椭圆形刻槽，深达木质部，产卵其中。一般每个刻槽产卵1粒，从树的根际直至直径4cm树枝处均有产卵刻槽，而以树干分杈处和有萌生条的地方较为集中。幼虫孵化进度随寄主不同而有变化，一般在杨树上最快，柳树上次之，榆树上最慢。幼虫坑道为横向截断型，对树木危害极大，遇有大风，极易折断。隧道一般10cm左右。不同树种对光肩星天牛抗性不同，一般毛白杨、苦楝、臭椿、刺槐、泡桐、白蜡、沙枣、苹果抗性最强；北京杨、沙兰杨、合作杨、健杨、欧美杨、I－214杨、I–69杨、I–72杨等次之；白榆、旱柳、

光肩星天牛，成虫交尾状 II

光肩星天牛，大关杨被害干纵剖面　光肩星天牛，箭杆杨被害状

加杨、小叶杨、小青杨、德杨、大关杨、小×黑杨再次之；而羽叶槭、糖槭、五角枫、美杨、箭杆杨、格氏杨、小×美12杨等最差。喜寄生于有萌条蔽荫的树干和疏林中，一般林缘被害较重，林内较轻；立地条件好、生长旺盛健壮的受害较轻，而土壤瘠薄、树势弱、生长不良的受害重。及时修枝抚育、树干光滑、光照较好的受害轻，而树干萌蘖多的受害常重。成虫飞翔力不强，人为振动树干，会从一株树飞向另一株树，如再振动则会坠落。天敌有斑啄木鸟、黑绒坚甲、白僵菌等。

防治方法

(1)防治策略是，要在较大范围内进行区域性综合治理。

(2)园林技术措施。①在光肩星天牛发生严重的地区，新建园绿化要因地制宜选栽抗虫树种，并要合理进行混交，如在一般的树种中混栽一定比例的臭椿或苦楝等。②砍除虫源树。对受害较重已无培育前途的树木要集中连片、整路段砍伐，更新为抗虫性较强的树种。③在易感树种周围，每隔30m栽1株糖槭或复叶槭，引诱害虫来此产卵，在引诱树上集中进行除治。④栽植隔离带。在抗性弱的树种如加杨的边行栽2行苦楝或臭椿；减少该虫的侵入。⑤适时修枝抚育。在每年天牛产卵盛期到来之前，修除树干萌条，减少天牛产卵蔽荫场所，降低虫口。⑥合理间伐。根据不同树种、树龄及生长情况，合理进行间线，改善通风透光条件，增加营养面积，增强生长势。⑦加强水肥管理，及时施肥、浇水，增强树势，提高抗虫性。

(3)人工防治。①锤击卵粒。产卵期在林间巡逻检查，发现新鲜的产卵刻槽，用木锤击砸。②捕捉成虫。成虫飞翔力弱，又有10～15天的补充营养期，适于人工捕捉，以早晨凉爽时捕捉为好。

(4)生物防治。①招引啄木鸟。一是在进行树木更新时，有计划地保留

光肩星天牛，大关杨干被害横断面

红脊长蝽，若虫形态及叶片被害状（右侧叶片）

部分高大的，或已有啄木鸟巢的树木，以供啄木鸟栖息；二是制定乡规民约，保护、禁打鸟类；三是悬挂招引巢木。选用直径20cm以上、长50cm的柳、毛白杨、泡桐、杂交杨等木段，凿成空心，悬挂于幽静林间8～10m高处，每组3～5个，组间相距150m左右，巢向北。悬挂时间以秋末冬初啄木鸟啄洞高峰期为好。②利用、保护花绒坚甲等天敌。

(5)化学防治。①在卵期及初孵幼虫期，用40%乐果乳油（或80%敌敌畏乳油）1∶柴油9混合均匀，点涂产卵刻槽，毒杀卵、初孵幼虫及侵入不深的幼虫。②对已侵入木质部的，可将如下药堵入虫孔：磷化铝片、磷化锌熏蒸毒签、克牛灵胶丸，亦可用兽用注射器将40%乐果乳油或80%敌百虫乳油的50倍液等注入虫孔，以毒杀幼虫。

(6)如以上措施均未采用而大面积发生严重时，可于成虫羽化初期和盛期各喷洒1次拟除虫菊酯类农药。

红脊长蝽

分布于北京、河北、天津、河南、江苏、台湾、四川、广西、广东、云南等地。若虫、成虫危害萝　等叶片，削弱生长势。

危害状　成虫、若虫刺吸寄主嫩叶、嫩茎，致叶面出现白点，相连成白色斑块，严重时叶片干枯脱落。

形态特征

成虫　体长约10mm，红色具黑色大斑。头黑，光滑，凸圆，无刻点，前端具直立毛，有时在头的背面基部具1个橘黄色斑，小，狭长。触角黑色，第2与第4节等长。喙黑，伸达后足基节，第1节达前胸腹板中部。前胸背板侧缘直，仅后侧角处弯，具金黄色毛，并隆起成脊状，中脊完整，侧缘脊、中脊、前缘及后缘红色，中脊和侧脊间具稀疏刻点，黑色，或仅胝沟后方黑色，胝沟前具1个黑色斑，前胸腹面和基节臼红色，后者具1个大型黑斑，中胸和后胸腹面黑色，仅基节臼及其侧板后缘红色。臭腺沟缘红色，耳状。小盾片黑色，基部平，端部隆起，纵脊明显。爪片黑色，端部红色，或中部黑色，两端红色；革片红色，中部具不规则大斑，但此斑不达前缘，翅面具短小直立毛；膜片黑色，超过腹部末端，内角和边缘乳白色。腹部红色，各节均具黑色大型中斑和侧斑，有时相互连结成1条大型横带，腹部末端黑色，足黑色。

若虫　体长卵形，橘黄色。头部黑色，前胸背板具2个黑色斑。腹部背面各节具大型黑色中斑和侧斑，中斑和侧斑常相互连续成1条横带，各节横带又可相连，似成1个大黑斑；腹部侧缘橘黄色。足黑色。

生活习性　在北京地区6～9月均可见到成虫、若虫，白昼在叶面吸食，中午炎热时隐避于植株下部叶背面。成虫不善飞翔。

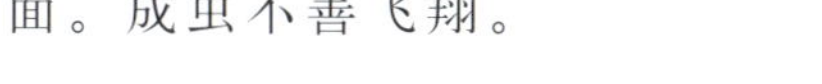

防治方法

（1）结合花圃管理，人工捕杀成虫、若虫。

（2）发生面积大、危害严重时，于若虫3龄前喷洒25%速灭威可湿性粉剂400倍液或20%速灭杀丁乳油4000倍液等。

杨扇舟蛾

又名白杨天社蛾、白杨灰天社蛾、小叶杨天社蛾、杨树天社蛾。分布于河北、云南、四川、湖南、湖北、福建、江西、浙江、江苏、河南、山东、辽宁、吉林、黑龙江、陕西、宁夏、甘肃、山西、广东、海南等。主要危害杨、柳、母生等，是园林绿化、农田林网和四旁树木的重要害虫之一。

危害状　幼虫危害寄主植物叶片，1～2龄幼虫群集啃食下表皮和叶肉，残留上表皮和叶脉，静止时头朝一个方向，排列整齐。2龄以后吐丝缀叶，形成大的虫苞，白天隐状其中，夜

红脊长蝽，成虫形态

红脊长蝽，成虫群集危害状

杨扇舟蛾，成虫形态

杨扇舟蛾，成虫产卵

杨扇舟蛾，初产的卵

杨扇舟蛾，孵化前的卵

晚取食，若遇阴雨昼夜取食，直到虫苞干枯后，幼虫仍隐居其中。3龄以后食量骤增，分散取食，可将全叶食尽，仅剩叶柄，当食料不足时则吐丝随风飘迁他处，再卷叶危害。

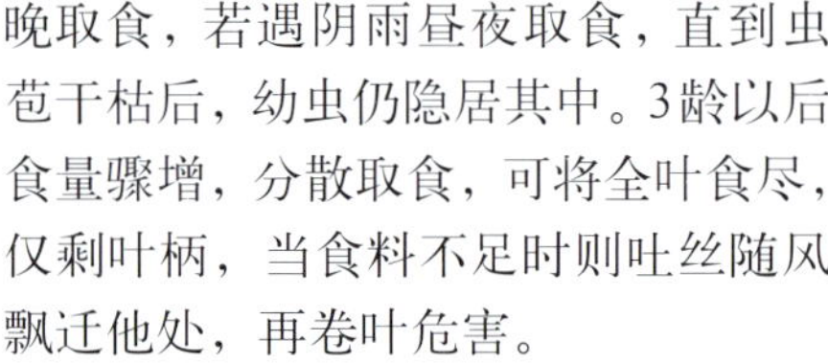

形态特征

成虫 体长12～17mm，翅展27～38mm。触角褐色，双栉齿状，雄蛾较雌蛾发达。体色灰褐，头顶至胸背中央黑褐色。前翅灰褐色，顶角处有1个暗褐色扇形斑，向内伸至中室横脉，向后伸至Cu_1脉，3条灰白色横线具暗边，基线在中室下缘断裂错位，内线外侧有雾状暗褐色近后缘处外斜，外线通过扇形斑一段呈斜伸的双齿形，外衬2～3个黄褐带锈红色斑点。中室下、内、外线间有1条灰白色外斜线，亚端线由1列黑点组成，其中以Cu_1、Cu_2脉间的1个点较大而明显。后翅暗灰褐色。臀毛簇末端暗褐色。

卵 扁圆形，直径约1mm，初产时橙黄色，以后逐渐变深，孵化前暗褐色。

幼虫 老熟体长32～39mm。头部黑褐色，体上略淡褐色细毛。胴部灰白色，侧面黑绿色。腹部背面灰黄绿色，两侧有灰褐色宽带，腹面灰绿色，共13节，各节有横列的橙红色毛瘤8个，两侧各有1个较大的黑瘤，其上着生白色细毛1束，向外放射，

杨扇舟蛾，大龄幼虫（左）

腹部第2、8节背面中央各有1个红褐色大肉瘤，臀板赭色。胸足棕褐色，端部褐色。

蛹　圆锥形，褐色，长约13mm，前端钝圆，末端削尖，尖端生有刺钩1束。

生活习性　东北1年3～4代，河南4代，安徽、陕西4～5代，江西5～6代，以蛹越冬；海南8～9代，无越冬现象。7～8月虫态相互重叠。成虫有趋光性。越冬代成虫羽化时，树叶尚未展开，卵多产于树木枝干上，个别产于石块或墙壁上，以后各代则主要产于叶背，少数产于叶面，排成单层块状，少数散产。成虫白天静伏叶背不动，夜晚飞翔、寻偶、交尾、产卵。初孵幼虫有群集性。3龄以后分散取食。共5龄。老熟幼虫在卷叶内化蛹。最后1代幼虫老熟后，多沿树干爬到地面，在落叶、墙缝、树干旁、粗树皮下、地被物上或表土内结茧化蛹越冬。天敌主要有毛虫追寄蜂、绒茧蜂、黑卵蜂、舟蛾赤眼蜂、跳小蜂、广大腿小蜂、颗粒体病毒等。

防治方法

（1）秋后彻底清扫地面落叶、枯枝、杂草，将其集中深埋或高温沤肥；耕翻园地；刮除树干虫茧，消灭越冬蛹，减少春季虫源。

（2）摘虫苞。利用初龄幼虫吐丝缀叶群集危害的习性，及时摘除1～2代幼虫虫苞。

（3）刮卵块。对苗圃幼树和幼龄林，可于卵期摘除卵块，集中销毁。

（4）注意保护和利用天敌。可将采集的蛹、幼虫、卵放于天敌保护器内，待天敌出现后放走天敌，杀死害虫。

（5）在1～3龄幼虫期喷洒灭幼脲

杨扇舟蛾，低龄幼虫群集危害

杨扇舟蛾，低龄幼虫危害状（只啃食叶肉）

杨扇舟蛾，大龄幼虫将叶吃光，仅剩叶脉

枣瘿蚊，动物园水池旁枣树叶片被害状

3号、0.3亿芽孢/ml Bt乳剂、0.1亿孢子/ml青虫菌液、三苦素500倍液、80%敌敌畏乳油1500倍液或2.5%敌杀死乳油4000倍液等。

枣　瘿　蚊

又名枣芽蛆、枣蛆、卷叶蛆、枣叶蛆。分布于全国各枣产区。幼虫危害红枣、酸枣的叶片、花蕾和幼果，降低观赏价值和产量。

危害状　嫩叶被害后变为筒状，由绿变为紫红色，质硬发脆，幼虫在叶筒内取食，不久变黑枯萎，叶柄形成离层而脱落；花蕾被害后花萼膨大，不能开放；幼果被蛀后不久变黄脱落。

形态特征

成虫　雌虫体长1.4～2.0mm，前翅透明，后翅特化为平衡棒，形似蚊子；复眼大，黑色，肾形；触角黑色，念珠状，各节环生密而长的刚毛；胸部色深，后胸显著隆起；足3对，细长，腹部第1～5节背面有红褐色带；腹末产卵器管状。雄虫外形似雌虫，但腹部较瘦小，触角发达，其长度超过体长的一半。

卵　长约0.3mm，长椭圆形，一端稍狭，半透明，有光泽，初为乳白色，渐变为红色。

幼虫　体长1.5～2.9mm，乳白色，蛆状，无足，有明显体节。

蛹　裸蛹，长1.2～2.0mm，纺锤形，黄褐色，头部有角刺1对。雌体足短，达腹部第6节，雄体足长，达腹末端。蛹茧长椭圆形，长径2mm，灰白色，胶质，外黏缀土粒。

生活习性　河北、山东1年5～7

代，以老熟幼虫在浅层土壤内结茧越冬。翌年4月中旬至10月上旬为幼虫危害期，世代重叠明显。在河北石家庄市郊5月1日前后可见幼虫危害。5、6月份为危害盛期。成虫羽化后十分活跃，交尾后雌虫以产卵器插入未展开的嫩叶缝隙产卵，每嫩叶连续产卵2～3次，成虫寿命2天。幼虫孵化后即吸食汁液，叶片受刺激后，沿中脉和叶面纵卷，幼虫藏于其中危害，每叶可有虫2～10多头。幼虫老熟后自受害卷叶内脱出落地入土化蛹。危害花蕾的幼虫在花蕾内化蛹，羽化时蛹壳多露在花蕾外面。危害幼果的幼虫在果内化蛹。老熟的末代幼虫于8月下旬开始陆续入土作茧越冬。一般幼树及低矮植株受害较重。

防治方法

（1）地面施药。要大面积联防联治，在第1、2代老熟幼虫初入土期，在树冠投影外1m的范围的地面上，喷洒25%对硫磷微胶囊剂300g/667m^2、50%辛硫磷乳油500g/667m^{2}或敌百虫粉500g/667m^{2}等，喷后浅耙，杀死下树幼虫和入土幼虫。

(2)在枣枝萌芽尚未展叶期喷洒农药，可选喷40%氧化乐果乳油1000倍液、90%敌百虫晶体1000倍液或50%马拉硫磷乳油1500倍液等，每10天喷1次，连喷2次。

爬山虎天蛾

又名雀纹天蛾、葡萄叶绿褐天蛾、葡萄斜纹天蛾、日斜天蛾、葡萄天蛾、雀斜纹天蛾。北起黑龙江、南至海南、广东、广西，西到陕西、四川，东抵东南沿海及台湾均有分布。幼虫危害麻叶绣球、常春藤、白粉藤、虎耳草、爬山虎、葡萄、野葡萄等叶片，造成叶片残缺不全，妨碍生长和观赏。

危害状　幼虫啮食叶片呈缺刻状，严重时叶片被吃光，仅剩主脉基部或叶柄。

形态特征

成虫　体长27～38mm，翅展68～72mm。体背棕褐色，触角背面灰色，腹面棕黄色。头、胸两侧有白色鳞片，肩片内缘有2条橙黄色纵纹，胸背中部有淡色纵带，两侧有橙黄色纵带。前翅灰黄色，后缘近基部白色，由顶角向右缘方向伸有6条暗褐色斜条纹，中室端有1个小黑点，外缘色较淡。后翅黑褐色，有黄褐色亚端带，后角附近有橙灰色三角斑，外缘灰褐色。腹部背线棕褐色，两侧有数条不甚明显的暗褐色条纹，两侧橙黄色，腹面粉褐色。

幼虫　老熟幼虫体长约75～80mm，青绿色或褐色，第1、2腹节背面各有黄色眼斑1对。

爬山虎天蛾，成虫展翅状

苹果绵蚜，须根被害形成瘤体

苹果绵蚜，新梢被害不能延长

生活习性　1年1～4代，各地不同。以蛹在土中越冬。上海地区6～7月成虫羽化。成虫有趋光性。7～8月危害严重。

防治方法

(1)冬季或早春在花木下翻土，消灭土中越冬蛹。

(2)发生严重时喷药防治，可选喷三苦素500倍液、25%灭幼脲3号悬浮剂、50%敌百虫乳油1000倍液等。

苹果绵蚜

又名血色绵蚜、赤蚜、白毛蚜、白毛虫、绵蚜。分布于辽宁、山东、云南、西藏、河北等地。是国内外的检疫对象。危害海棠、花红、苹果、山楂、沙果、槟子、山荆子以及梨、李、花楸、榆、美国榆等。

危害状　若虫、成虫群集危害寄主的干部、枝条、新梢和根系，刺吸汁液，受害处皮层肿胀，逐渐形成瘤状突起，上面覆被许多白色绵毛状物，后期瘤突破裂，形成伤口，削弱树势，重者枯死。尚可危害果实，多于梗、萼洼处。

形态特征

成虫　①有翅胎生雌蚜。体长1.7～2.0mm，翅展5.5mm。体暗褐色，头、胸部黑色。体上覆被的白色绵状物较无翅胎生成虫为少。复眼红黑色，有眼瘤。触角6节，第3节特别长，其上有不完全或完全的环状感觉孔24～28个，第4节长度次之，其上有环状感觉孔3～4个，第5节长于第6节，有1～4个感觉孔，第6节有2个感觉孔。翅透明，翅脉及翅痣棕色，前翅中脉有1个分枝。腹管退化为环状黑色小孔。②无翅胎生雌蚜。体长1.8～2.0mm。体近椭圆形，肥大，赤褐色，体侧具瘤状突起，着生短毛，体被白色蜡质绵状

苹果绵蚜，当年生枝被害状

物。头部无额瘤，触角6节，第3节最长，超过第2节的3倍，末端3节长度约相等，第6节末端尖，呈刺状，第5节近末端和第6节基部各具1个感觉孔。复眼红黑色，有眼瘤。腹部背面有4条纵列的泌蜡腺，分泌白色蜡绵状物。腹管退化，呈半圆形裂口，位于第5、6腹节间。③有性雌蚜。体长1mm左右，淡黄褐色，腹部赤褐色。体稍被白绵毛，触角丝状5节，口器退化。④有性雄蚜。体长0.6～0.7mm，黄绿色，腹部分节明显，各节中部隆起。体稍被白绵毛，触角丝状5节，口器退化。

苹果绵蚜，主枝连年受害形成的瘤体

卵　椭圆形，长0.5mm。初产时橙黄色，渐变为褐色，表面光滑，外覆白粉，较大的一端精孔突出。

若虫　共4龄，老熟时体长1.4～1.8mm。触角5节，体赤褐色，腹背白色绵毛状物较少。

生活习性　1年发生12～18代，常年在苹果树上繁殖危害。以若蚜在树干伤疤、树皮缝和近地表根部越冬。根部寄生者不超过10cm深，以在根颈部较多。翌年寄主萌动后开始活动，初花期繁殖扩散。在河北石家庄市区，翌年4月中旬越冬若蚜成长为成蚜，开始胎生第1代若蚜，多在原瘤突处危害。5月中旬至6月为全年危害盛期，1龄若蚜四处扩散。7～8月因高温和寄生蜂影响，蚜量锐减，9月中旬后，虫口密度又有回升，到11月上、中旬进入越冬状态。天敌有瓢虫、日光蜂、草蛉等。

防治方法

(1)加强产地检疫和调运检疫，严禁自疫区调运有关繁殖材料。

(2)休眠期刮除粗翘皮，地面铺塑料布将其收起，集中深埋。然后在树干涂药泥浆，其配比为50%久效磷乳油或90%敌百虫1∶黄土50∶水50，搅拌均匀涂抹于树干、大枝上。

(3)春季绵蚜活动初期树干涂药环。方法是在树干基部将粗皮刮去成3～6cm宽（视树木直径而定）的环，然后涂以40%氧化乐果乳油15倍液，

苹果绵蚜，苹果主干上的虫体

苹果绵蚜，2年生苹果枝条被害状

苹果瘤蚜，危害贴梗海棠叶片，致叶片大体以中脉为轴向叶背纵卷皱缩状

用塑料布包扎好。

（4）根部施药。4～5 月间将根部土壤扒开 10cm 深，撒入适量辛硫磷、氧化乐果、对硫磷微胶囊剂等，然后浇水。

苹果瘤蚜

又名苹叶蚜虫、苹果卷叶蚜、苹瘤额蚜、腻虫、蜜虫、油汗。分布于辽宁、吉林、黑龙江、北京、天津、河北、河南、山东、陕西、江苏、四川、台湾等地。成虫、若虫危害海棠、山荆子、苹果、沙果、山楂、槟子等。

危害状　成虫、若虫吸食寄主植株的芽、叶和果实的汁液，受害叶正面出现红斑，两侧叶缘大体以中脉为轴向叶背纵卷皱缩，严重时叶变黑枯死。新长出的小叶被害则皱缩成团不能伸展。幼果果面出现红凹斑，严重的畸形。

形态特征

成虫　有翅胎生雌蚜：体长约 1.5mm，翅展约 4mm，翅透明。头、胸黑色，额瘤明显，上生 2～3 根黑毛。口器、复眼、触角黑色。触角第 3 节具次生感觉圈 23～27 个，第 4 节有 4～8 个，第 5 节 0～2 个。腹部绿至暗绿色。腹管黑褐色，端末部色稍淡。尾片黑褐色。无翅胎生雌蚜：体长约 1.5mm，暗绿色。头淡黑色，额瘤明显。复眼暗红色。触角黑色，第 3～4 节基半部色淡。胸腹背面均具黑横带。腹管和尾片均似有翅胎生雌蚜，腹管长筒形，末端稍细，具瓦状纹，尾片圆锥形，上生 3 对细毛。

卵　长椭圆形，长约 0.5mm，黑绿色有光泽。

若虫　有翅若蚜胸部发达，具 1 对暗色的翅芽。无翅若蚜体淡绿色，似无翅胎生雌蚜。

生活习性　1 年 10 多代，以卵在 1 年生枝条的芽腋、枝梢及剪锯口越冬。翌年寄主发芽后越冬卵开始孵化，群集于芽、叶危害。5～6 月危害最重。直到秋季一直营孤雌胎生繁殖。此期间由于无翅胎生雌蚜较多，扩散慢，以致虫株的虫口密度较大，受害较重。10～11 月出现有性蚜，交尾后产卵越冬。天敌有瓢虫、草蛉、螨类、寄生蜂、食蚜蝇等。

防治方法

（1）关键是越冬卵和越冬卵孵化始盛期的防治。

(2)生长季节，剪除被害枝梢，集中深埋。

(3)注意保护和利用自然天敌。

(4)抓好生长期成、若蚜的药剂防治。注意施用药剂种类的轮换和混用，防止产生抗药性。

茄二十八星瓢虫

又名酸浆瓢虫、酸浆臀裂瓢虫。分布于黑龙江、吉林、辽宁、内蒙古、北京、河北、山西、陕西、甘肃、广西、四川、云南、西藏、广东、福建、台湾、江西、浙江、上海、江苏、安徽、湖南、湖北、河南等地，以长江以南密度较大。危害月季、蔷薇、曼陀罗、枸杞、柑橘、金银茄等。

危害状 幼虫和成虫舔食植株叶肉，残留部分上表皮呈条网状，严重时全叶食尽；尚舔食果实表面，受害处变硬并有苦味，影响产量和质量。

形态特征

成虫 体长6mm，半球形，黄褐色，体表密生黄色细毛。前胸背板上有6个黑点，中间2个常连成一个横斑。每个鞘翅上有14个黑斑，其中第2列4个黑斑呈一直线，是与马铃薯瓢虫的显著区别。

卵 长约1.2mm，淡黄至褐色，弹头形。卵粒排列较紧密。

幼虫 初龄淡黄色，后变白色。老熟幼虫体长约7mm，体表多白色枝刺，其基部有黑褐色环纹。

蛹 长约5.5mm，椭圆形，背面有黑色斑纹，尾端包着末龄幼虫蜕下的皮。

生活习性 广东1年发生5代，无越冬现象，每年5月份发生量最多，危害亦重；在河北秦皇岛至石家庄一带，每年5～9月都可见到成虫危害。成虫寿命25～60天。成虫白天在叶面活动取食，有假死性和自残性。雌成虫产卵块于叶背。卵期5～6天。幼虫群集危害，稍大后分散危害，幼虫期15～25天。老熟幼虫在叶面或枯叶中化蛹。蛹期4～15天。

防治方法

(1)人工捕捉成虫。利用成虫假死性，击打植株致虫坠落，用足踩杀之，或用塑料薄膜承接收集而杀之。

(2)人工摘集叶背卵块。

(3)利用低龄幼虫群集危害的有利时机，喷药防治，可选用50%辛硫磷乳油1000倍液、20%速灭杀丁乳油3500倍液、10%赛波凯乳油1000倍液、2.5%功夫乳油3000倍液、灭杀毙(21%增效氰·马乳油)3000倍液等。

茄二十八星瓢虫，成虫危害月季花

扁刺蛾，幼虫危害大叶黄杨叶状

扁刺蛾，低龄幼虫形态

扁 刺 蛾

又名黑点刺蛾。分布于河北、山东、辽宁、吉林、黑龙江、安徽、江苏、浙江、江西、福建、台湾、湖北、湖南、广东、广西、四川、云南等地。危害大叶黄杨、碧桃、桃、泡桐、樟、桑、栎、栗、柳、枣、柿、核桃、梧桐、油桐、杏、乌桕、枫香、苦楝、枫杨、银杏、白杨、苹果、梨、李、柑橘、樱桃、枇杷等30科40余种植物。

危害状　低龄幼虫在叶片背面啃食表皮和叶肉，致被啃处呈白色网状，大龄幼虫将叶吃成缺刻或仅留叶脉、叶柄，影响花木生长。幼虫枝刺有毒，扰民。

形态特征

成虫　体长17～18mm，翅展31～36mm。体翅灰褐色。前翅外缘较直，臀角弧弯，内半部与外线以外带黄褐色并稍具黑色雾点，外线明显暗褐色与外缘略平行，横脉纹为1个黑色圆点。后翅灰褐色，外缘有褐边，缘毛灰褐色。

卵　扁平、光滑、椭圆形，长约1.1mm，初产时淡黄绿色，后变为灰褐色。

幼虫　老熟幼虫体长约21～26mm，宽16mm。体扁，椭圆形，背部稍隆起，形似龟背。全体绿色至黄绿色；背线白色，两侧有蓝绿色窄边，两边各有1列橘红色至橘黄色小点，近中间1个比较显著。体边缘每侧有10个瘤状突起，其上生有枝刺；每1列体节背面有2个小丛刺毛。

蛹　体长10～15mm，近椭圆形，前端较肥钝，后端稍削。初乳白色，后渐变为黄色、黄褐色。茧长约12～16mm，椭圆形，暗褐色，似鸟蛋。

生活习性　河北、山东1年发生1代，长江下游地区2代，少数3代。以老熟幼虫在寄主附近土中结茧越冬。翌年5月上、中旬开始化蛹，5月下旬至6月上旬开始羽化为成虫，6月上旬～8月下旬为幼虫危害期。成虫多集中于黄昏时羽化。成虫昼伏枝叶荫蔽处，黄昏后活动。卵多单产于叶背。初孵幼虫停息在卵壳附近不取食，经第1次蜕皮后先取食卵壳，再啃食叶肉，留下一层表皮。幼虫昼夜取食，共8

龄。自6龄起，取食全叶，虫量多时，常从枝条的下部叶片吃至上部，每枝仅存顶端几个嫩叶。老熟后即下树入土结茧，富含腐殖质的壤土及砂壤土结茧位置离树干较近，入土较深也较密集；而黏重的土壤结茧位置离树干较远，入土较浅，较为分散，常与双齿绿刺蛾混合发生。

防治方法

(1)在老熟幼虫下树作茧之前，疏松树干周围土壤，引诱幼虫集中化蛹，然后收集消灭之。

(2)入冬至翌年早春，结合冬季园圃管理，细致整翻周围土壤，机械杀伤蛹茧。

(3)幼虫期，特别是抓住3龄前喷药防治，可选用辛硫磷、杀螟松、灭扫利、速灭杀丁、氧化乐果、敌杀死等。

昼鸣蝉

又名斑头蝉、雷鸣蝉。分布于湖南、浙江、江西、四川、上海、贵州、湖北、江苏、新疆、陕西、河南、吉林、甘肃、天津、北京、河北、辽宁、山西等地。成虫以刺吸叶液和产卵，危害扶桑、梅、悬铃木、杨、松、槐、柳、刺槐、梧桐、桑、榆、栎、桃、橘、梨、李、苹果等的枝条，致枝条失水枯死；若虫则在土中危害树木根部，刺吸汁液，削弱树势。

昼鸣蝉，危害扶桑状

昼鸣蝉，成虫展翅状，该成虫被白僵菌和寄生蜂体外寄生，寄生蜂又被白僵菌寄生

危害状　成虫以口器刺吸寄主幼嫩枝条汁液，在枝条上呈现许多苍白色小点；以刀状产卵器在当年生枝条上刺破皮层和木质部，多个刻痕斜向排列，致刻痕以上部分枝条失水枯死，叶片残留于枝条上。

形态特征

成虫　体长33～36mm，头顶至翅端长56～63mm，雌雄个体同形同大。体背黑色较扁平，胸部背面有灰绿色至黄褐色斑纹，腹端部3节稍尖。前翅横脉上有4个淡褐色斑，外缘脉端有6个颜色更淡的褐色斑。腹背两侧每节有灰绿至黄褐色边，愈向腹面，此边愈宽，腹面全为灰绿色至黄褐色。足内侧的颜色同腹面。

卵　白色，长椭圆形。

若虫　形似成虫，黄褐色，仅有翅芽，前足腿节膨大，下缘有刺，适于在土中挖掘。

生活习性　多年完成1代，以卵

昼鸣蝉，中午炎热时成虫栖息于树干阴面

在枝条中或以若虫在土中越冬。翌年在枝条中越冬的卵孵化，钻入土中，吸食寄主根的汁液，秋后潜入深土层越冬。若虫一生均生活于土中。在河北秦皇岛市区花圃，8月上、中旬仍可见到成虫。雄成虫发出“喔喔喔……”的鸣叫声。成虫的主要天敌有白僵菌和1种体外寄生蜂，据在秦皇岛市调查，寄生率可达55%；而寄生于成虫体外的这种寄生蜂往往又被白僵菌所寄生。

防治方法

(1)结合花木秋冬季修剪，剪除被产卵而枯死的枝条，集中做燃料或粉碎后高温沤肥。在成虫羽化期，人工捕捉栖息于花木间的成虫。

(2)搞好虫情测报，在初孵若虫入土初期和老熟若虫羽化出土前，结合花圃灌水，用25kg/667m^{2}氨水随水浇灌，既提高土壤肥力，又可杀死若虫。

(3)成虫羽化盛期在花木上喷洒2.5%敌杀死乳油3000倍液或40%氧化乐果乳油1000倍液等，每10天喷1次，共喷2～3次，或结合其他病虫害防治，在成虫羽化、产卵盛期，各喷1：1：200波尔多液和2.5%敌杀死乳油3000倍液1次，可显著减轻灾害。

(4)以上措施需大面积进行。

枸杞负泥虫

又名十点叶甲、稀屎蜜、肉蛋虫、金花虫、背屎虫。分布于陕西、甘肃、宁夏、青海、新疆、内蒙古、河北、北京、天津、山西、江苏、山东、浙江、江西、湖南、四川、福建、西藏等地。危害枸杞的叶片和嫩梢，影响其观赏效果以及产量和质量。

危害状　以若虫、成虫危害枸杞的叶片和嫩梢，1龄幼虫群集咬食叶片呈孔洞或筛底状，2龄后的幼虫危害呈缺刻状；3龄后可将整个叶片吃光，或仅剩下主脉。

形态特征

枸杞负泥虫，幼虫危害新梢状

成虫　体长4.5～5.8mm，宽2.2～2.8mm。全体头胸狭长，鞘翅宽大。头部蓝黑色，有粗密刻点，头顶平坦，中央具纵沟通条。触角粗壮，蓝黑色。复眼硕大突出于头部两侧。前胸背板蓝黑色，近方形，两侧中部稍收缩，表面较平，无横沟。小盾片舌形，蓝黑色，具刻点。鞘翅黄褐至红褐色，每个鞘翅上有近圆形的黑斑5个，肩胛处1个，中部前后各2个，斑点常有变异，有的全部消失。足黄褐、红褐至黑色。体腹面除腹部两则和末端红褐色外，其余蓝黑色。

卵　橙黄色，长圆形，长约0.9mm，宽约0.3mm。

幼虫　老熟幼虫体长约7mm，体灰黄色，头黑色，前胸背板黑褐色，胸节之间凹陷。2龄以后的幼虫背面覆盖黑色分泌物，仅头部露出。幼虫成熟后，黑色分泌物蜕掉。幼虫有3对胸足，腹部各节的腹面具1对吸盘，使之与叶面、枝条紧贴。

枸杞负泥虫，成虫形态

蛹　长约5mm，浅黄色，腹端有臀刺1对。蛹茧长约6mm，表面黏附土粒。

生活习性　1年发生5代，以成虫或以幼虫在土壤中作茧越冬，世代重叠现象明显，4～9月在枸杞上可见各虫态。成虫喜栖息在枝叶上，卵多产于叶面或叶背面，排成人字形。幼虫背负自己的排泄物，故名负泥虫。老熟幼虫入土吐白丝结成土茧，在茧中化蛹。

防治方法

（1）入冬后至翌年越冬虫态出蛰前，细致挖翻杞园土壤，机械损伤或捡除越冬虫态集中杀死。

（2）药剂防治：在成虫、幼虫危害期，喷洒5%鱼藤精乳油1500～2000倍液或2.5%敌杀死乳油3000～3500倍液、90%敌百虫1000～1500倍液、80%敌敌畏乳油1200～1500倍液、20%速灭杀丁乳油3000～3500倍液，或用500g鱼藤精粉与3500g细土混合均匀配成药土，在早晨有露水时撒在植株上，每15天用药1次，连用2～3次。果实采收前45天内禁止用药。

柑橘凤蝶

又名黄波罗凤蝶、梁山伯、老虎虫、花椒凤蝶、春凤蝶、燕尾蝶、凤子蝶、黄花凤蝶、橘狗。分布于上海、浙江、江苏、江西、山东、河北、辽宁、甘肃、四川、陕西、福建、广西、湖南、贵州、广东、山西等地。危害女贞、金橘、佛手、五色椒、花椒、山花椒、黄柏、枸橘、枳壳、柚子、香橼、柑橘、吴茱萸等。

危害状　幼虫取食寄主的嫩叶、嫩芽、嫩梢，严重时新梢仅剩下叶柄及中脉，严重妨碍生长和观赏。

形态特征

成虫　体长25～27mm，翅展70～86mm。体翅淡黄绿色，背上有1条较

柑橘凤蝶，低龄幼虫

柑橘凤蝶，中龄幼虫

柑橘凤蝶，高龄幼虫

柑橘凤蝶，感染病毒死亡的幼虫

柑橘凤蝶，高龄幼虫

柑橘凤蝶，幼虫橘黄色臭腺角

宽的黑纵带，长达腹端，腹侧有1条窄黑带，腹部腹面有2条窄的黑条纹。翅脉黑色外缘具黑色宽带；带内具2列新月形斑，外列黄绿色明显，内列暗蓝色，前翅每列8个，后翅每列6个，雌前翅内斑列多不明显。前翅中室内基部具4条似带横刺样的黑色纵纹，端半部有2个明显的黑横斑。后翅臀斑雄性橙色；雌性黄绿或微带橙色，斑中央常有一个黑点。春型较夏型体小，色较深。

卵　圆球形，直径约1mm。初产时淡黄色，近孵化时变成黑灰色，微有光泽，不透明。

幼虫　老熟幼虫体长35～45mm，黄绿色，后胸背两侧有蛇眼纹，中央有黑紫色斑点；两侧气门下有1个白色斑带。老熟幼虫体色随所食寄主叶片不同常有变化，绿色至暗褐色，侧面有3条蓝黑色斜带。

蛹　长30～32mm，纺锤形，前端有2个尖角。初化蛹时淡绿色至淡褐色，渐变为暗褐色。

生活习性　高寒山区1年发生1代，东北1～2代，黄河流域2～3代，长江流域3～4代，福建、台湾4～5代，广东、海南、广西5～6代。以蛹在枝条上越冬。4～10月均有成虫、卵、幼虫和蛹出现。在河北石家庄市区4月中旬即可见到成虫。成虫白天活动，以晴天无风的上午9：00～10：00最为活跃，飞翔能力强，飞舞于花木间，吸食花蜜，阴雨和风天则隐蔽于花丛内。卵散产于叶背或枝梢嫩叶尖端，卵期7天左右。幼虫孵化后先食卵盖，再取食嫩叶，将叶面咬成小孔，成长后将叶片咬成缺刻锯齿状，以5龄幼虫食量最大，1天能食数片

柑橘凤蝶，成虫于傍晚栖息于城市公园花丛中

柑橘凤蝶，蛹壳

叶，可将叶片食尽，仅剩主脉或叶柄。幼虫受惊动即由前胸前缘伸出橙黄色肉质臭角，放出强烈臭味。老熟幼虫选择枝叶隐蔽处，吐丝固定其尾部，然后吐丝在胸、腹间环绕成带，至秋末冬初化蛹越冬。蛹期天敌有凤蝶金小蜂和广大腿蜂等，寄生率很高，对其有较大的抑制作用。

防治方法

(1)结合园艺管理，人工捕捉幼虫和蛹。用捕虫网捕捉成虫。

(2)冬季采集越冬蛹，放入寄生蜂保护器，保护寄生蜂，释放于花丛间。

(3)大面积发生严重时，喷洒100亿活孢子/ml青虫菌1000倍液、三苦素500倍液、5%氟虫腈悬浮剂、5.7%百树得乳油等。

柳肋尖胸沫蝉

又名吹泡虫、泡泡虫、柳沫蝉。分布于宁夏、青海、甘肃、陕西、山西、河北、北京等地。危害柳、刺槐、新疆杨等。

危害状　以若虫吸食柳等寄主的枝条汁液，被害处嫩枝有一团白色蜡样泡沫状物堆集。成虫产卵于新梢或幼苗顶梢，形成枯顶、枯梢或多头枝，还可传带锈菌孢子，加重锈病流行。

形态特征

成虫　体长约10mm，长菱形，浅褐色。头，前缘扁，呈一弧形黑纹，中脊明显，头顶密布淡色微毛和细刻点，颜面略突，两侧黑褐色，中线明显。喙管长达后足基部。复眼黑褐色，单眼红色。前胸背板两侧有赤褐色斑，布有黑色刻点，中脊明显。小盾片色淡，端尖细。前、中足胫节有灰褐色斑，后足腿节外侧有2个枝刺。

卵　长1.7mm，长卵圆形，初产时乳白色，后变为淡黑褐色。

若虫　1龄若虫胸部黑色，头顶圆

柳肋尖胸沫蝉，若虫体外的白沫

突，腹部淡红色。末龄若虫褐色或黄褐色。复眼赤褐色。腹部9节，第7、8节有发达的泡沫腺，分泌物被呼出的气体吹胀，形成大量泡沫，虫体包藏在泡沫中，腹末较尖。

生活习性　在河北张家口、青海、宁夏1年1代，以卵在当年生枝梢中越冬。翌年4月中、下旬开始孵化。若虫共5龄，虫龄不整齐。4月中旬至6月中、下旬为若虫期。6月中旬至9月底为成虫期。7月中旬开始产卵，8月为盛期，卵期长达8~9个月。成虫7月中旬逐渐由高大杨柳树上转移到幼树、苗圃产卵。卵产于嫩梢髓部，单产。成虫多栖息于苗木顶梢和嫩枝上，受惊时即行弹跳或作短距离飞翔。初孵若虫腹部末端附有白色结晶体，缓慢爬行，喜群集。该虫常见危害公园、城镇、乡村栽植的柳等树木。

防治方法

(1)当年秋季至翌年3~4月剪除有卵枯梢。

(2)在园林绿化、苗圃、人工幼林中，于若虫危害期，人工剪除带白色泡沫团的枝条，杀死若虫。

(3)大面积危害严重时于若虫或成虫期，可选喷90%晶体敌百虫1000倍液、40%氧化乐果乳油1000倍液、50%杀螟松乳油1000~1200倍液以及来福灵、敌杀死、敌敌畏等，7天1次，连喷2次。

柳香肠瘿叶蜂

又名柳厚壁叶峰、柳盒子。分布于江苏、甘肃、陕西、山西、山东、河北、河南、天津、北京等地。以幼虫取

柳香肠瘿叶蜂，危害垂柳叶状 I

柳香肠瘿叶蜂，危害状 II

柳香肠瘿叶蜂，危害状Ⅲ

柳香肠瘿叶蜂，虫瘿纵剖面，幼虫形态

食旱柳、垂柳等的叶片，形成虫瘿，妨碍树木的生长和观赏。

危害状　幼虫取食寄主叶片，在近边缘处出现黄绿色至黄褐色虫瘿。

形态特征

成虫　雌体长约5mm，翅展约14mm。体土黄色，有黑色斑纹。头土黄色，正中有黑色纵带。前胸背板、腹部侧接缘、腹部第6、7节背板的后缘及第8、9节均为土黄色，其余为黑色。中胸背板中央有1椭圆形黑斑，两侧各有2个近菱形黑斑；后胸盾片黑色。

卵　灰白色，椭圆形。

幼虫　黄白色，体长约12mm。

蛹　黄白色。蛹茧长椭圆形。

生活习性　北京、河南、河北、陕西、甘肃1年发生1代，以老熟幼虫在土中结茧越冬。翌年4月中、下旬羽化，成虫产卵于柳叶近边缘或近脉的组织内，多产于近叶缘处。卵单产，每叶产卵1～4粒。幼虫孵化后在上下表皮间啃食叶肉，刺激受害部位逐渐肿起，4月下旬、5月上旬在近叶缘或近主脉处出现小虫瘿，幼虫藏在其中取食，刺激组织逐渐加大加厚，上下鼓起，呈卵圆形至梨形，一般长6～11mm，宽5～8mm，虫瘿厚2～3mm，黄绿色渐至黄褐色。叶缘的虫瘿，顺叶缘方向有一隆起的细缝，使虫瘿状似北方农村使用的柳条编织的盛物品的“盒”，故俗称柳盒子。每叶上可有1～4个虫瘿，多为1～2个。带虫瘿叶片提前变黄。幼虫在瘿内一直危害到11月，后随叶落地，从瘿内爬出钻入土中或砖缝中作茧越冬。

防治方法

（1）晚秋开始落叶时，在幼虫脱

瘿之前，随时扫除落叶并立即深埋，消灭瘿内幼虫。每天早晨或晚上扫除1次，不要隔几天才扫1次。

（2）幼树、苗木被害后，可于生长季节及时摘除带有虫瘿的叶片，消灭瘿内幼虫。

（3）发生严重时，可于翌春土壤解冻后，翻松(10cm深)打细树冠下土壤，打破越冬茧。翻松土壤范围应为树冠投影外1m以内。

柳瘿蚊

分布于辽宁、吉林、黑龙江、河北、北京、天津、山西、内蒙古、山东、江苏、安徽、湖北、浙江、上海等地。危害旱柳、垂柳、馒头柳等。

危害状 幼虫蛀入寄主的新芽和新梢，形成虫瘿，近似球形，上部枝梢枯死。小树干弯曲，妨碍树木正常生长。连续多年受害，可在侧枝甚至主干上形成巨大瘿瘤，木材失去应用价值，亦有碍观赏。

形态特征

成虫 似蚊，紫红至紫黑色，体长3～4mm，翅展5～7mm。头小。复眼黑色，较大，几乎占据整个头部。触角灰黑色，念珠状，16节，各节轮生细毛。中胸背板隆起很高。翅1对，宽阔，翅脉简单，只有3 条纵脉。足淡褐色，细长。

卵 长约0.4mm，长椭圆形，橙黄色。

幼虫 纺锤形，老熟幼虫体长3～4mm，橙黄色，有暗色斑纹，头部有1块褐色骨片。

蛹 长3～4mm，椭圆形，橙黄色，裸蛹。

生活习性 东北地区1年发生1

柳瘿蚊，当年新枝被害状（垂柳）

柳瘿蚊，当年枝叶基部被害状

柳瘿蚊，2年生垂柳枝条被害状

代。河北、北京地区1年2代，以老熟幼虫在被害枝条的瘿瘤内越冬，翌年4月上、中旬开始蛀食枝梢，4、5月间成虫羽化。卵产于新梢嫩芽基部、粗糙皮缝间，亦产于瘿瘤的羽化孔中。每雌产卵150～200粒。产于嫩芽基部的卵孵化后幼虫蛀入新芽，形成新的瘿瘤，上部枝梢枯死，枯死处基部萌出新梢，使枝条畸形。产于旧的瘿瘤内的卵孵化后幼虫蛀入树皮危害，使旧瘿瘤继续增大。6、7月间出现第2代成虫，产卵孵化为幼虫后继续危害。10月后以幼虫在枝条上的瘿瘤内越冬。该虫常与柳香肠瘿叶蜂混合发生。

防治方法

(1)加强产地检疫和调运检疫。发现虫瘿后连同枝条剪除，集中深埋或烧毁，不栽带虫苗木。

(2)结合冬季整形修剪，剪除有瘿瘤的枝条，消灭越冬幼虫。

(3)药剂防治。于幼虫在形成层危害期，对虫口密宽大，受害严重的树木，可采用：①树干涂抹40%氧化乐果乳油。方法是：在树干便于操作处轻刮皮(刮除老皮层，刚露出韧皮部)，绕干一周，环宽约为树干直径的1/2，上涂40%氧化乐果原液，药量按0.05 πR^2ml计算，式中R为树干半径，ml为所需药量毫升，π为3.1416。②用高压树干注射机向树体内注射40%氧化乐果乳油10倍液，树木干基直径每厘米用药水15ml。打针数依树木粗细不同而定，一般树干直径15cm以下可打2针，干径每增大7～12cm增打1针。打针位置在树干周围要分布均匀。

草履蚧

又名日本履绵蚧、柿裸介壳虫、草鞋介壳虫、草履硕蚧、桑虱、树虱子。辽宁、河北、北京、天津、山东、山西、河南、江西、江苏、福建等地都有分布。危害月季、梨、苹果、柿、核桃、刺槐、槐树、悬铃木、泡桐、杨、板栗、枣、樱桃、桃、柳、白蜡、香椿、杏、柑橘、桑、乌桕、栎等。

危害状　以若虫和雌成虫吸食嫩芽和枝条的汁液，华北地区于2、3月间树干上及附近建筑物上有出蛰的若虫，4月下旬至5月上旬树干上及附近建筑物上有灰白色虫皮(雌若虫蜕下)。不仅削弱树势，白色蜡丝随风飘动还妨碍市容环境卫生。山地森林、果园、城乡绿化树木均可受害，是园林绿化树木的重要害虫之一。

形态特点

成虫　雌成虫体长7.8～10.0mm，椭圆形，背面有皱褶，隆起似草鞋，故名。体黄褐色，周缘和腹面淡黄色，触角、口器、足为黑色，全体被白色蜡粉和微毛；触角8节；腹部气门7对，肛门较大，横裂。雄成虫体长

草履蚧，雌成虫形态

草履蚧，雄成虫形态

5～6mm，体紫红色，头、胸淡黑色；触角黑色，10节；前翅淡黑色，具多条伪横脉，停落时呈“八”字形；腹部末端有4个较长的突起。

卵　长圆形，黄色。卵囊为白色绵絮状，长15mm左右。

若虫　长卵形，体长2mm左右，灰褐色。触角，1龄5节，2龄6节，3龄7节。

生活习性　1年发生1代，多以卵在卵囊中树木附近的建筑物缝隙、碎土块下、砖石堆里、树皮缝、树洞等处越冬，极少数以1龄若虫越冬。在河北石家庄，越冬卵于翌年2月上旬至3月中旬孵化，2月中旬后随气温升高，若虫开始上树，4月上旬达盛期。若虫出蛰后爬上寄主树干，在皮缝及背风处隐蔽，柳树吐新芽5mm左右时，取食嫩枝、幼芽。1龄若虫末期，虫体分泌大量白色蜡粉，蜕皮后虫休增大，活动性增强。4月下旬至5月上旬雌若虫蜕皮后变为成虫，并在树干及附近建筑物上留有大量灰白色虫皮。此时雄成虫亦在大量羽化。5月上、中旬为交尾盛期。5月初至6月中旬雌成虫开始下树，钻入树干周围石块下、土缝等处，分泌白色绵状卵囊，在其内产卵，越夏越冬。一般每个雌虫产卵40～50粒。天敌有黑缘红瓢虫、红环瓢虫等。

防治方法

(1)秋冬季结合松土、施肥等田间管理，检净白色卵囊，2月初刮老树皮，消灭卵囊内的卵和若虫。

(2)在当地柳树吐新芽前，即若虫上树前，对有明显主干的寄主，可在树干下部涂宽10cm闭合的黏虫胶带，阻杀若虫上树，树皮缝也要涂，使胶带完全闭合。10～15天再涂1次，共涂2～3次，并将环下活虫杀死。黏虫胶配方：①松香1：蓖麻油1，混合加热溶化搅拌均匀。②黄油10：机油10：氧化

草履蚧，城市公园内柳树干上的虫皮

桑天牛，成虫形态

乐果1。③黄油1：机油5：50%1605乳油1。④黄油5：机油2：敌敌畏乳油1 。

(3)雌虫下树产卵时，在树干周围30cm处挖深20～30cm、宽30cm的沟，沟内放草诱杀。或于树干根颈周围撒毒土毒杀下树雌虫，毒土可按细土10：敌百虫1的比例配成。

(4)3 月中、下旬若虫上树后喷药防治，树木发芽前可选用3～5° Be石硫合剂、5%柴油乳剂等。发芽后可选用：50%倍硫磷乳油、25%爱卡士乳油、80%敌敌畏乳油1000倍液加入0.1%洗衣粉、40%氧化乐果乳油加0.1%洗衣粉等 。

(5)注意保护和利用红环瓢虫、黑缘红瓢虫等天敌。

桑 天 牛

又名桑刺肩天牛、刺肩天牛、桑褐天牛、粒肩天牛。分布于吉林、辽宁、河北、甘肃、西藏、山东、山西、陕西、河南、北京、天津、海南、江苏、浙江、安徽、上海、福建、广东、广西、台湾、云南、江西、湖南、湖北、四川、贵州等地。幼虫危害无花果、毛白杨、山核桃、桑、柳、刺槐、榆、构、朴、枫杨、

桑天牛，毛白杨干基被害状

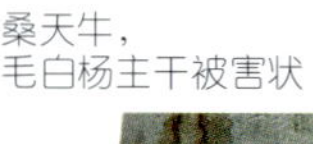

桑天牛，毛白杨主干被害状

桑天牛，毛白杨苗木被害后风折状（苗干上的小孔为啄木鸟新凿）

桑天牛，成虫补充营养寄主之一——印度橡皮树，左图为苗干被啃食状

苹果、樱桃、枇杷、梨、沙果、海棠、柑橘、栎、悬铃木、核桃等的主干、主枝、侧枝，造成生长不良，树势早衰，缩短寿命，降低观赏和木材、果品的经济价值。

危害状　幼虫蛀食寄主的侧枝、主枝、主干，在枝干内蛀成隧道，自上而下隧道越来越粗，每隔一定距离有1个排粪孔，自孔中排出褐色锯末状木屑和粪便，流出褐色液体。一般在枝干上自上至下在一侧有多个排粪孔排列。

形态特征

成虫　体长32～48mm，宽10～15mm，体黑色，密被黄褐色或青棕色绒毛。触角雌虫比体略长，雄虫长出体外2～3节，第3节以后每节基部约1/3灰白色。前胸背板前后横沟之间具不规则横脊线，两侧中部各具尖状刺突。鞘翅基部密布黑色光亮的瘤状颗粒，翅端内、外角均呈刺状突出。

卵　长6～7mm，长椭圆形，淡黄色，近孵化时变为淡褐色，前端微曲。

幼虫　圆筒形。老熟幼虫体长76mm左右，乳白色。前胸发达，前胸背板骨化区近方形，背板后半部密生赤褐色颗粒状小点，其中夹有3对白色尖叶状凹陷纹。腹部背步泡突扁圆形，具2条横沟，两侧各具1条弧形纵沟；步泡突中间及周围突起部均密布粗糙细刺突；腹面步泡突具1条横沟，沟前方细刺突远多于沟后方的中段。腹部气门椭圆形，围气门片黄褐色，其后缘上方具小型缘室2～3个，多的8～9个。肛门一横裂。

蛹　纺锤形，长约50mm。黄褐色。第1～6节背面各有1对刚毛区。翅芽达第3腹节。

生活习性　在长江沿岸及其以北2年1代或3年1代，以幼虫在树干坑道内越冬。幼虫期长达2年。一般6月上、中旬化蛹，7月上、中旬成虫羽化，7

桑天牛，成虫补充营养寄主之二——无花果

桑天牛，构树枝条皮层被成虫啃食状

月中旬为盛期。成虫羽化后飞翔寻找桑科植物，在华北地区如桑、构、无花果、柘、印度橡皮树等，啃食其1～2年生枝、干皮层、嫩芽和叶进行补充营养，交尾后飞到另外的寄主，在河北如毛白杨、苹果等树种上产卵。多产卵于直径10～15mm粗的枝条上。产卵前先以上颚咬破皮层和木质部，呈"U"字形刻槽，每个刻槽产卵1粒。成虫在桑科植物上补充营养，寿命长，产卵量多，孵化率也高，而在其他植物上补充营养则相反。卵期10～14天，初孵幼虫先向上蛀食10cm左右，然后调回头沿树干木质部的一侧向下蛀食，蛀道逐渐向下并靠近心材，如植株矮小，可蛀达根际，在有的毛白杨上，蛀道可深达地面以下60cm的根部。幼虫在坑道内，每隔一定距离向外咬1个圆形排粪孔。排粪孔的位置除个别遇有分杈或枝结木质坚硬而向另一边回避外，一般均在树干的同一方位依序向下排列。幼虫一生蛀道的长度，在苹果上1.7～2.0m，而在毛白杨上可达5m多。幼虫多位于最新排粪孔处，冬前幼虫多向上移至自下向上数第3个排粪孔的上方，然后越冬。老熟幼虫沿坑道上移至自下向上数1～4个排粪孔之间，咬雏形羽化孔向外达树皮外表，使树皮向外放射状断裂，有时伴有树液流出。然后幼虫又回到坑道内，选在距坑道底75～120mm处作蛹室，化蛹其中，蛹期26～29天。成虫寿命80天左右。河北易县10月上旬仍可见到成虫。成虫一次可飞翔200m远，18天可自然扩散至800m以外。

防治方法

(1)加强对桑、构、柘等桑科植物的管理是防治桑天牛的根本性措施。①全面规划，在以毛白杨、苹果等为主的绿化区不栽植桑、构树等桑科植物。在桑园附近不栽植毛白杨等桑天牛易感树种。桑园应建在毛白杨等绿化区1500m以外的地方。②清除无培育价值的桑科植物。在毛白杨为主的园林绿化区内及其附近，将没有观赏价值、经济价值的桑、构等彻底清除。③在毛白杨等为主的园林绿化区内，对有观赏、经济、生态等价值的桑科植物加强管理。一是在整个成虫期，每天早晨到树上捕捉成虫杀死。二是在不妨碍桑科植物利用（如养蚕）的前提下，在桑科植物树冠、枝条上喷洒农药毒杀成虫，可选喷2.5%敌杀死乳油2000倍液、40%氧化乐果乳油600倍液、80%敌敌畏乳油1000倍液、40%乐果600倍液等，每10～15天喷1次，视虫情连喷3～5次。

(2)清除虫源树。对受害严重，已无观赏、经济等价值的园林绿化树木，彻底清除，按规划合理混栽新的无病虫树木。

(3)加强检疫。对新绿化区的树木，栽植前严格进行产地检疫和复检，确保新植花木不带桑天牛等重要病虫害。

(4)保护利用天敌。保护、招引啄木鸟。将被桑天牛长尾啮小蜂寄生的桑天牛卵收集起来，置于室内保护越冬，翌年6月中、下旬挂于林间释放。在春季幼虫开始活动后，用2亿～3亿活孢子／ml的白僵菌悬浮液或青虫菌，自倒数第2个排粪孔注入，寄生幼虫。

(5)化学防治幼虫。药液注射法，用兽用注射器配12号针头，将50%敌敌畏乳油、20%速灭杀丁乳油、40%氧化乐果乳油或50%对硫磷乳油的20倍液注入天牛最新排粪孔，每孔5ml。将磷化铝片、磷化铝可塑性丸剂、磷化锌毒签或Ⅱ号毒签插入天牛最新排粪孔。用与天牛排粪孔粗细相当、长15cm左右的鲜树枝蘸上杀虫剂，自最新排粪孔向上插入，直至插不动为止，直接杀死幼虫。

梧桐木虱

又名青桐木虱、梧桐裂头木虱。分布于河北、陕西、山东、江苏、浙江、北京、河南、广东、广西、福建、云南等地。仅危害中国梧桐。

危害状　成虫、若虫群集刺吸青桐的嫩梢和枝叶，而以嫩梢（若虫）和叶背（若虫和成虫）上特别多。群集处都有若虫所分泌的白色蜡质絮状物，堵塞叶片气孔影响光合作用，使叶片发白皱缩，同时分泌物中含有糖分，招致霉菌滋生。植株受害严重后，树叶早落，枝梢枯死，表皮粗

桑天牛，成虫补充营养的寄主之三——构树（枝条枯死）

梧桐木虱，危害当年生新枝状

梧桐木虱，栖息于叶柄上的成虫

梧桐木虱，危害叶柄状

梧桐木虱，叶片被害状

糙脆弱，树势严重衰弱。幼树和几十年生大树均可严重受害。是公园、绿地、庭院青桐的重要害虫。

形态特征

成虫　体长5.6～6.9mm，黄绿色。复眼半球形，棕褐色，单眼橙黄色。触角细长。前胸背板横条形，中央、后缘和凹陷处均为黑色。中胸隆起，前盾片有1对褐斑，盾片中央有6条黑褐色纵纹，两侧有圆斑。前翅透明，后缘有间断的褐纹，翅脉为R脉先分出，R_1在前缘形成翅痣，M脉长而直，M室极大，分叉处有横脉与R_5相连，M_{1+2}止于翅尖下面，Cu室很小。翅长为宽的2.5倍。腹部褐色，雄虫第3节背板及腹端黄色；雌虫腹面及腹端黄色，背瓣很大。

卵　略呈纺锤形，一端稍尖，长约0.7mm。初产时淡黄色，孵化前为深褐色。

若虫　共3龄，末端若虫体长3.4～4.9mm。1～2龄虫体较扁，略呈长方形，末龄近圆筒形，黄褐色或微带绿色，体覆白色絮状蜡质物。触角10节。翅芽发达，翅纹可见，体上有斑纹。

生活习性　北京、河北石家庄、陕西武功1年发生2代，以卵在枝干基部阴面越冬，翌年4、5月间开始孵化，若虫爬至嫩梢、叶背吸食汁液，并分泌绵絮状蜡丝，常数十个若虫藏在絮状蜡丝中危害。嫩梢上、树杈处、叶背面布满白色绵絮状蜡丝。若虫历期约30天。6月上、中旬成虫羽化，6月下旬为羽化盛期。成虫羽化后1～2天后钻出绵絮状蜡丝，移至没有蜡质分泌物处继续吸食汁液。成虫可爬行、跳跃、飞翔，并可借风力而传至远处。成虫经补充营养、交尾后，多产卵于叶背、叶柄基部，第2代成虫多产卵于主、侧枝粗皮缝或主枝基部阴面。卵散产，每雌可产卵约50粒。天敌主要有寄生蜂、草蛉、绿姬蛉、深山姬蛉、食蚜蝇、赤星瓢虫、姬赤星瓢虫、黄条瓢虫等。

防治方法

(1)加强检疫。带虫苗不外调，不引进。

(2)冬季结合修枝整形，消灭枝、干上的越冬虫卵。

(3)于若虫发生盛期，用高压喷枪向枝叶上喷射清水，冲掉白蜡丝团及其中的若虫。

(4)药剂防治。根施农药，第1代若虫发生盛期（绵絮状蜡质物最多时），在树干周围挖沟埋施15%铁灭克颗粒剂或3%呋喃丹颗粒剂，树干地径每厘米用药1～2g，覆土后浇足水。或喷洒农药，可选用：早春用65%石油肥皂乳剂6倍液防治越冬卵，或15倍液防治初孵若虫，或40%氧化乐果乳油1000倍液、50%灭蚜松乳油1100倍液等。

(5)注意保护和利用天敌。

烟实夜蛾

又名烟夜蛾、烟青虫。分布于全国各地。危害孔雀草、万寿菊、肿柄菊、月季、枣等。

危害状　幼虫蛀食蕾、花、果，也食害嫩茎、叶和芽。果实被蛀常造成腐烂而大量落果。

形态特征

成虫　体长15～18mm，翅展27～35mm。头、胸部黄褐色。前翅黄褐色，基线褐色双线，只达亚中褶；内线褐色双线，波浪形，内一线较弱；环纹褐边，中央有1个褐点；肾纹褐边，中央有1个新月形褐纹；中线褐色外弯，后半波浪形；外线褐色双线；亚端线褐色，锯齿形，与外线间色较暗；外缘各脉间有1个褐点；缘毛端部灰褐色，后翅淡褐黄色，端区有棕黑色宽带，其中段内侧有1条棕黑线，中段外侧有弯曲内凹，腹部淡褐黄色，本种似棉铃实夜蛾，但前翅各线纹清晰，体色较黄，后翅棕黑色宽带中段内侧有1条棕黑线，外侧稍内凹。

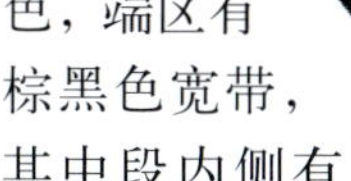

烟实夜蛾，
幼虫危害花冠状

卵　稍扁，纵棱一长一短，呈现双序式，卵孔明显。

幼虫　前胸侧毛2根（L1、L2）的连线远离前胸气门下端；体表小刺较短。

蛹　蛹体前段显得粗短，气门小而低，很少突起。

烟实夜蛾，成虫

生活习性 1年代数华北地区2代，以蛹在土中越冬。卵散产，前期多产在寄主植物上、中部叶片背面的叶脉处，后期多产在萼片和果实上，成虫可产卵于番茄上，但存活幼虫极少。幼虫白昼潜伏，夜晚活动危害。发育历期，成虫5～7天，卵3～4天，幼虫11～25天，蛹11～17天。

防治方法

(1)在烟实夜蛾1代卵高峰后3～4天及6～8天连续喷洒2次Bt乳剂（100亿孢子/ml）500倍液、绿之宝（中草药杀虫剂）300ml/667m²对水200倍等。

(2)化学防治。关键要抓住1代幼虫孵化盛期至2龄盛期，即幼虫蛀入果实之前喷洒农药，可选用21%灭杀毙乳油3000倍液、25%氧乐果乳油1000～3000倍液、40%灭抗灵乳油1500～2000倍液、2.5%功夫乳油2000倍液、50%辛硫磷乳油1000倍液、2.5%保得乳油2000倍液等。

萝 藦 蚜

北京、河北、吉林、山东、山西、河南等都有分布。危害萝藦、白薇、牛皮消等。

危害状 若虫、成虫刺吸寄主嫩梢、叶片、叶柄、花序、茎的汁液，削弱生长势。

形态特征

无翅孤雌蚜 体金黄色，卵圆形，长2.1mm，宽1.2mm，触角第2、3节顶端1/3、第4节端部1/2及第5、6节和喙端节黑色，足股节端部1/2～1/3、跗节端部1/4黑色，腹管、尾片漆黑色，尾板黑色。生殖板淡色。腹管长筒形，长0.52mm，尾片0.22mm。

萝　蚜，无翅孤雌蚜和有翅孤雌蚜形态

萝藦蚜，无翅孤雌蚜

有翅孤雌蚜　体金黄色，卵圆形，长2.2mm，宽0.94mm。头、胸黑色，腹管后斑明显，其他各节有骨化灰黑色缘斑。触角、喙第3节以后、足股节端部1/3~1/2、胫节基部及端部1/4~1/3、跗节黑色，腹管、尾片、尾板黑色，生殖板淡色。

蚜，危害
嫩梢、叶柄、叶片状

生活习性　8、9月份发生严重，大雨后虫口密度大大降低。天敌有草蛉等。

防治方法　发生严重时喷洒农药，可选用20%丁硫克百威乳油6000倍液、40%氧化乐果乳油800倍液、20%速灭杀丁乳油3500倍液等。

银纹夜蛾

又名菜步曲、豆银纹夜蛾、黑点银蚊夜蛾。分布于全国各地。幼虫危害菊花、一串红、美人蕉等。将叶吃成缺刻或孔洞。

危害状　幼虫取食植株叶片成缺刻、孔洞状，严重时将叶食尽，排泄粪便污染叶面。

形态特征

成虫　体长15~17mm，翅展32~36mm。头部及胸部灰褐色。前翅深褐色，外线以内的亚中褶后与及外区带金色，基线银色，内线银色，自前缘插入中室，在中室后内斜；Cu2脉基部有1个褐心马掌形银斑，其外后方有1个近三角形实心银斑；肾纹褐色，外线双线褐色波浪形，亚端线锯齿形，缘毛中部有1个黑斑。后翅暗褐色。腹部灰褐色。前足暗褐色，中、后足淡褐色。此种体色深浅变化较大。

卵　半球形，直径约0.5mm，初产时乳白色，后渐变为淡黄绿色，表面具网纹。

幼虫　老熟幼虫体长约30mm，淡黄绿色。虫体前部较细，后部较粗，腹足2对，第1~2对腹足退化，爬行时腹背拱起，体背呈2条纵走白色细线。4龄后第8节出现2个淡黄色圆斑为雄虫，无斑的为雌虫。

蛹　长约16mm，体较瘦，初期背面褐色，腹面绿色，末期整体黑褐色。腹部第1、2节气门孔明显突出，尾刺1对，外包白色薄茧。

银纹夜蛾，成虫白昼栖息于花丛中

生活习性 1年发生4（杭州）~7（广州）代，以蛹越冬。翌年4月中旬可见成虫羽化。成虫夜间活动，有趋光性。成虫羽化后4~5天即进入产卵盛期。卵多单粒产于叶背。第2~3代产卵最多，每雌平均产卵311.2粒，多的756粒。幼虫共5龄，3龄前在叶背取食，留下表皮，进入4龄后食量大增，可取食全叶或嫩荚，有假死性。老熟幼虫在叶背吐白丝结薄茧化蛹。每年春、秋季常与菜青虫、菜蛾混合发生，但虫口密度较后2种明显为低。

防治方法

(1)冬季彻底清理花圃及其附近的落叶、残茬、秸秆，集中深埋或沤肥，消灭越冬蛹。

(2)在幼虫期，结合其他害虫防治，选喷100亿活孢子/ml青虫菌500倍液、20%杀灭菊酯2000倍液、50%马拉硫磷乳油1000倍液等。

黄凤蝶

又名茴香凤蝶、胡萝卜凤蝶。分布于全国各地。幼虫危害黄柏、女贞、木槿、柑橘、香橼、茶等植物的叶，嗜食伞形花科植物，造成叶片缺损，防碍生长和观赏。

危害状 幼虫夜晚取食寄主叶片，造成孔洞或缺损，幼虫受到触动时，从前胸伸出臭角，溢出臭味。

形态特征

成虫 体长24~28mm，翅展63~87mm。体翅金黄色，体背黑纵纹雄性的极宽。前翅基部色暗，密布黑色鳞点；中室端部及横脉外，各具1个大黑斑。前后翅外缘黑带内有2列斑，数目及颜色与柑橘凤蝶相似，但外列黄色新月斑较宽大；后翅臀斑赭色，圆而无黑点。春型比夏型体较小，色稍深。雌性较雄性体大，黄色略淡，斑纹相同。

黄凤蝶，成虫展翅状

卵 球形，淡黄色，孵化前紫黑色。

幼虫 老熟幼虫体长52~55mm，绿色。头部具黑纹，胸腹各节背面具短黑横斑纹。

蛹 黄褐色，具条纹，头部有2个角状突起，胸背及胸侧亦具突起。

生活习性 1年2代。以蛹在花木灌丛枝上越冬。翌年4~5月间羽化，河北石家庄地区4月中旬可见成虫。第1代幼虫期在5~6月，成虫于6~7月间羽化，7~8月间为第2代幼虫期。卵散产于叶面。幼虫白天藏匿于枝叶灌丛下，夜晚取食，受触动时从前胸伸出臭角，溢出臭味。一般零星发生。

防治方法 结合其他鳞翅目食叶害虫一起防治，一般不需单独组织防治，虫口密度较大时，可喷洒三苦参500倍液、Bt乳剂600倍液或青虫菌液等。

黄胫小车蝗

分布于内蒙古、辽宁、吉林、黑龙江、河北、北京、河南、山东、山西、陕西、江苏、安徽、江西等地。危害草坪草等禾本科植物。

危害状　成虫、若虫取食叶片形成缺刻，有时叶被食仅剩主脉。

形态特征

成虫　体长雌35mm，雄25mm；前翅长雌34mm，雄24mm。体褐色带绿，有深色斑。触角丝状，超过前胸背板后缘。复眼卵形，大而突出。颜面隆起在中眼之下不紧缩，顶端有小刻点。前胸背板略呈屋脊状，顶端有小刻点，中部压缩，上具淡色"×"形纹，有时不明显；侧片高长于宽，背板后缘为钝角。前翅长于腹端及后腿节顶端，翅面有大褐斑，翅端透明部分有四角形网孔。后翅中部具较窄的黑色月形带纹。雌虫后腿节底侧黄色，后胫节基部黄色，余黄褐色。雄虫后足腿节底侧红色，端部有黄环，胫节红色，基部亦有黄环。

卵　长圆筒形，多个卵被泡沫状胶质物包被成卵囊。

若虫　与成虫相似，仅翅为翅芽。

黄胫小车蝗，成虫危害草坪

生活习性　1年1代，以卵囊在土中越冬，在河南北部9月上中旬仍可见成虫。若虫共5龄。

防治方法

(1)人工挖除地边、园圃周围等处的卵块，或翻土，将卵块暴露而死。

(2)在3龄前人工捕杀若虫或喷药防治。可选用2.5%敌杀死乳油3000倍液、40%氧化乐果乳油1000倍液、三苦素500倍液等。

(3)注意保护麻雀等鸟类、蜻蜓、蜘蛛等天敌。

蝗虫感病（翅下生绿色瘤，瘤体内为绿色液体，后翅发育不正常）

黄胫小车蝗，成虫形态

斑衣蜡蝉

又名樗鸡、斑蜡蝉、红娘子、斑衣、臭皮蜡蝉。分布于陕西、甘肃、河北、河南、北京、天津、山东、江苏、安徽、广西、四川、江西、福建、湖北、湖南、浙江、广东、台湾、内蒙古等地。危害月季、地锦、珍珠梅、香椿、千头椿、刺槐、榆、女贞、李、桃、葡萄、

斑衣蜡蝉，3 龄若虫，危害月季

斑衣蜡蝉，4 龄若虫

花椒、山楂、海棠、苹果、杏、香椿、苦楝、杨、悬铃木、楸、三角枫、五角枫、栎、梧桐、黄杨、合欢等。

危害状　以若虫、成虫吸食寄主幼干嫩枝的汁液，被害部位形成白斑，严重时树皮破裂，影响花木生长。同时排泄物对煤污病寄生有利，使枝条变黑，妨碍光合作用，对幼树生长影响较大。

形态特征

成虫　体长雌18～22mm，雄14～17mm。翅展雌50～52mm，雄40～45mm。体黑色，体上附有白色蜡质粉。前翅基部2/3淡灰褐色，散布20余个大小不等的黑斑；端部1/3深褐色，脉纹部分颜色同翅基部。后翅基部红色，散布20余个大小不等的黑斑，中部白色，端部1/3黑色。

卵　长圆形，排列成块状，表面盖有一层灰褐色粉状物，似黄土泥。

若虫　体似成虫但较小，体扁平，头尖长，足长。1～3龄体黑色，布许多白色斑点。4龄体背面红色，布有黑色斑纹和白点，具明显的翅芽于体侧。老熟时体长6～7mm。

生活习性　1年发生1代，以卵在树木枝、干上或附近建筑物上越冬。越冬卵开始孵化时间，陕西关中为翌年4月中旬，山东为5月中、下旬，北京为4月下旬(臭椿发芽期、黄刺玫花初开)。若虫喜群集于嫩茎、叶背危害，受惊即跳跃逃逸，跳跃迁移距离1～2m，若虫期60天，蜕皮4次。成虫亦具群集性，常数十以至数百头栖息于树木枝、干上，以叶柄基部为多。成虫跳跃性更强，可高达1m以上，飞翔力不强，少有飞出3～4m的。多白天活动危害。成虫寿命4个月，10月中、下旬产卵后死去。卵多产于树枝、干向阳面。该虫喜食臭椿，在臭椿上产的卵孵化率大大高于在榆、槐上产的卵。卵和若虫期都有寄主蜂。

防治方法

斑衣蜡蝉，成虫形态

(1)在冬春季刮除越冬卵块，或用木槌击碎卵粒。

(2)药剂防治：在若虫孵化盛期选喷菊酯类、有机磷制剂及其复配剂均可，加入含油量0.3%～0.4%的柴油乳剂效果更好。

(3)发生严重地区，最好不栽或少栽臭椿，以减少虫源。

(4)注意保护天敌。

棉　蝗

分布于内蒙古、辽宁、河北、山东、陕西、四川、湖南、湖北、江苏、浙江、福建、广东、广西、海南、台湾、云南、西藏、山西等地。成虫、若虫危害竹、袖珍椰子、椰子、枣、桃、木麻黄、樟树等。

危害状　叶被食成缺刻或孔洞，或仅存叶柄，顶芽、嫩梢被啃食。

形态特征

成虫　体长雌62～81mm，雄44～56mm；前翅长雌50～62mm，雄43～46mm。体形粗大，青绿色至黄绿色，具有较密的长绒毛和粗大的刻点。头大而短，几乎相等于前胸背板沟后区的长度。头顶宽短，顶端钝圆，无中隆线。颜面略微倾斜，颜面隆起宽平，在中眼之下具有纵沟，常不到唇基，侧缘几乎平行。头侧窝不明显。触角丝状，24节，细长。复眼长卵形，垂直的直径略长于其水平直径。前胸背板的中隆线较高，由侧面看，上缘呈弧形；侧隆线消失，但沟后区略隆起，3条横沟均明显，并都割断中隆线；后横沟较接近后端，沟前区较长于沟后区，后缘呈直角形。前胸腹板突长圆锥形，向后甚倾斜，顶端到达中胸。中胸腹板侧叶间的中隔长方形，中隔的长度明显的较长于宽度。雄性后胸腹板侧叶的后端相互毗连，而雌性则较宽的分开。前后翅均发达，前翅较宽，顶端宽圆。后翅略短于前翅，透明、基部玫瑰色。后足股节内侧黄色；后足胫节红色，胫节刺的基部黄色，顶端黑色；后足胫节顶端无

棉蝗，高速公路护坡紫穗槐绿化带棉蝗交尾状

棉蝗，城市居民小区大叶黄杨绿篱棉蝗危害状

外端刺，沿外缘具刺8根，内缘具刺11根（包括内端刺）。跗节第1节的长度约等于其余2节长度的总和。爪间的中垫颇长，常超过爪的长度。雄性肛上板三角形，基部具有纵沟；尾须顶端尖锐，略向内屈；下生殖板呈细长的圆锥形，顶端狭长而尖锐。雌性产卵瓣粗短，上产卵瓣钩状，下产卵瓣的下外缘基部具有较大的齿。

生活习性　河北、河南、江苏北部1年1代，以卵块在土中越冬。翌年5、6月间越冬卵开始孵化，7月上、中旬为成虫羽化盛期，9月中、下旬陆续开始产卵越冬。

防治方法

(1)园艺措施防治。在棉蝗发生严重地区，于入冬至翌年早春，铲挖、耕翻花圃、园林绿化区深度5cm以上的土层，并割除杂草，打碎土块，将卵块冻死或晒干。

(2)搞好测报，抓住初孵跳蝗不能飞翔、扩散能力弱的特点，人工围追捕打，或喷洒20%速灭杀丁乳油3500倍液，喷撒敌马粉剂1.5kg/667m^2等。

(3)积极保护麻雀、青蛙、大寄生蝇等天敌。

棉铃实夜蛾

又名棉铃虫。广泛分布于世界各地。我国除西藏、青海分布不详外，其余各地均有分布。危害月季、菊花、秋葵、大叶楸葵、香石竹、万寿菊、一串红、木槿、向日葵、大丽花、泡桐、棉花等。

棉铃实夜蛾，成虫展翅形态

危害状　幼虫蛀食蕾、花、果，花蕾常被吃成空洞，亦食害幼叶、芽和嫩梢，容易暴发成灾。

形态特征

成虫　体长14～18mm，翅展30～38mm。头、胸部及腹部淡灰褐色或青灰色。前翅淡红褐色或淡青灰色，基线双线不清晰；内线褐色双线，锯齿状；环纹褐边，中央有1个褐点；肾纹褐边，中央有1个深褐色肾形斑，肾纹前方的前缘脉上有2条褐纹；中线褐色，微波浪形；外线褐色双线，锯齿形，齿尖在翅脉上为白点；亚端线褐色，锯齿形，与外线间成1个褐色宽带，端区各脉间有黑点。后翅黄白色或淡褐黄色，翅脉和端区褐色或黑色。

卵 半球形，初产时乳白色，渐变为黄白色或淡绿色，高约0.51～0.55mm，宽0.44～0.48mm。卵壳上有网状花纹。

幼虫 初孵幼虫青灰色。老熟幼虫体长32～42mm；头部黄绿色，具有不规则的黄褐色网状纹；体色变化很大，大致分为4个类型：①体色绿色，背线与亚背线深绿色，气门黄绿色，背线一般有2条或4条，气门上线也可分为不连续的3～4条，胸足和腹足黄褐色，体表布满褐色及灰色小刺，以第1与第8腹节的背线处较多，胸足基节内缘的小刺很明显，且顶端较尖。②体色淡绿，背线及亚背线淡绿，但不甚明显，气门线白色，毛片绿色。③体色黄白，背线及亚背线绿色，气门线白色，毛片黄白色。④体色淡红，背线及亚背线淡褐色，气门线白色，毛片黑色。

蛹 纺锤形，长17～21mm，黑褐或黄褐色，腹部末端有1对臀棘。

生活习性 1年发生3～7代。辽宁、新疆、北京、河北北部以3代为主；河北中南部、江苏中部、河南中南部以4代为主；江苏南京、江西南昌和九江、湖南长沙、四川金堂以5代为主；云南宾川、广西柳州以6代为主；云南元江可达7代。在华北地区，以蛹在土室内

棉铃实夜蛾，幼虫危害月季花冠状

棉铃实夜蛾，幼虫钻蛀月季花蕾状

棉铃实夜蛾，5龄幼虫

棉铃实夜蛾，幼虫在花丛中危害状

棉铃实夜蛾，不同色型幼虫Ⅰ(危害万寿菊)

棉铃实夜蛾，
不同色型幼虫Ⅱ（危害鸡冠花）

棉铃实夜蛾，
不同色型幼虫Ⅲ（危害鸡冠花）

棉铃实夜蛾，
不同色型幼虫Ⅳ（危害紫穗槐）

棉铃实夜蛾，
不同色型幼虫Ⅴ（危害金盏菊）

棉铃实夜蛾，
不同色型幼虫Ⅵ（危害一串红叶）

棉铃实夜蛾，
不同色型幼虫Ⅶ（危害一串红花器）

越冬，翌年羽化。成虫白天潜伏，日落后3小时最活跃，主要到花上吸食花蜜。成虫对黑光灯有趋光性，对糖醋液趋性弱，对新枯萎的杨树枝叶有趋集性，对草酸和蚁酸有强烈的趋化性。雌成虫产卵有趋向花、花蕾和生长高大茂密植株上部的习性。产卵期可延续7～8天。在月季上，卵散产于嫩枝、嫩叶的叶面上，每头雌蛾产卵100～500粒，一般100～200粒。初孵幼虫吃掉卵壳后，大部分转移到心叶处取食嫩叶，或钻蛀花蕾，咬食花杂，造成孔洞，每年以7～9月危害严重。在石家庄市区，6月下旬至7月中旬幼虫严重危害月季花蕾。老熟幼虫吐丝下垂，爬到土壤中做土茧化蛹，入土深度2.5～6.0cm。完成1个世代约需35～45天。

防治方法

（1）城市居民小区、庭院少量发生时，可结合花后花圃管理，人工捕捉幼虫将其杀死。

（2）结合冬季施肥深翻花圃土地，并将土块打碎，消灭越冬虫蛹。

（3）将杨树枝扎把插于花圃诱集成虫，清除杀死。

（4）大面积发生严重时，可于幼虫孵化盛期或低龄幼虫期选喷：30%灭铃灵乳油1300～3000倍液、20%杀铃脲悬浮剂1500倍液、20%菊杀乳油2000倍液、50%辛硫磷乳油1000倍液、40%菊马乳油2000倍液等。

短额负蝗

又名中华负蝗、尖头蚱蜢、呱嗒板、圆额负蝗。分布于山西、河北、北京、天津、安徽、青海、甘肃、内蒙古、陕西、山东、江苏、贵州、四川、广西、广东、福建、湖北、湖南、浙江、江西等地。危害多种禾本科草坪草、鸡冠花、迎春、茶花、柳、柿、泡桐、梧桐、竹等。

危害状　成虫及若虫取食叶片，将叶片吃成圆孔状、缺刻状，妨碍发育，降低观赏价值和经济价值。

形态特征

成虫　雌体长32mm，前翅长26.5～28.0mm。体色为绿色，冬型为褐色。体形细长。头呈长锥形，较短，短于前胸背板，自复眼前缘至头顶长度约等于复眼最大直径的1.0～1.3倍。触角粗短，剑状。前胸背板平坦，中隆线较低，中、后横沟明显，都割断中隆线；腹部板突呈小片状，顶端方形。雌虫中胸腹板侧叶间的中隔较宽。前翅狭长，超出后足腿节顶端的长度为全翅的1/3，顶端较尖。后翅短于前翅，基部玫瑰色。

卵　长2.9～3.8mm，长椭圆形，一端较粗钝，中间稍凹陷、黄褐色至深黄色，表面有鱼鳞状花纹。卵粒在卵块内倾斜排成3～5行，有白色胶丝将其裹成卵囊。

若虫　共5龄。1龄体长3～5mm，草绿稍带黄色，前、中足褐色，有棕色环若干。全体布满颗粒状突起。2龄体色渐变绿，翅芽可辨。3龄前胸背板稍凹以至直平，翅芽肉眼可见，前、后翅芽未合拢盖住后胸一半至全部。4龄前胸背板后缘中央稍向后突出，前翅翅芽在外侧盖住后翅芽，开始合拢于背上。5龄前胸背面向后方突出较大，翅芽增大到盖住腹部第3节或稍超过，形似成虫，雌雄个体相差较大。

短额负蝗，雌雄成虫交尾状

短额负蝗，危害草坪状

短额负蝗，雌虫形态

短额负蝗，若虫危害鸡冠花状

短额负蝗，危害凤仙花

生活习性　1年发生代数，华北地区1代，江西2代，以卵囊在潮湿的土壤中越冬。5月下旬至6月中旬为孵化盛期，7～8月成虫羽化，一般沟渠两边湿度较大的地方，地被物多、双子叶植物茂密的地方、公园水旁的花丛发生较多。

防治方法

(1)发生严重的地区，于秋、春季铲除田埂、地边5cm以上深度的土及杂草，将卵块暴露于地面晒干或冻死，亦可结合平整土地、修渠打埂，增加盖土厚度，使新孵跳蝻不能出土。

(2)喷药除治。抓住初孵跳蝻在渠边、田埂集中危害双子叶杂草、抵抗力和扩散力均极弱时，选用25%敌百虫粉剂、3.5%甲敌粉剂、4%敌马粉剂等喷粉，用量2000g/667m^2，亦可用20%速灭杀丁乳油3000～3500倍液、40%氧化乐果乳油1000～1500倍液、50%马拉硫磷乳油1500倍液等喷雾。

(3)毒饵诱杀。毒饵配方：①麦麸（或米糠、马粪、高粱糠等）100∶1.5%敌百虫粉2(或40%氧化乐果乳剂0.15)∶水100混合拌匀；②碎鲜草100∶1.5%敌百虫粉剂2∶水100，混合拌匀。随配随用，不过夜，用量为10～15kg/667m^2，阴雨、大风及温度过高过低害虫活动力弱时不宜使用。

(4)注意保护利用寄生蝇、青蛙、鸟类等天敌。

紫苏野螟

又名苏子野螟。分布于北京、河北、福建、浙江、台湾等地。幼虫危害紫苏、丹参、泽兰、糙苏等，城镇花池、庭院等栽植的紫苏常见受害，降低其观赏和药用价值。

危害状　幼虫吐丝将叶卷成筒状，体藏于其中蚕食叶片，常将主脉咬断，致叶片断裂干枯下垂，同时取食嫩梢，将其咬断，严重时嫩梢无一幸免。

形态特征

成虫　体长约7mm，翅展约14mm。头部橘黄色，头两侧具白色条纹。触角微毛状，下颚须黄褐色。下唇须向前平伸，上侧黄褐色，下侧白色。胸、腹部背面橘黄色，腹面白色。足白色，有橘黄色环。前翅橘黄色，内横线波状纹向外倾斜，外横线在Cu1至M1脉之间弯曲，内侧有1条红褐色带，外缘线、内缘线红褐色。后翅的顶角深红褐色，从前缘到臀角上方具斜线1条。

卵　扁圆形，灰白色或浅黄色。

幼虫　老熟幼虫体长约17mm，分青绿和紫红2种色型。头部浅褐色，具深褐色点状纹，沿背中线、气门下线两侧及腹中线生断续白色带。前胸背板两侧和后缘黑色，中、后胸及腹部第1～8节各有3对黑色毛片。

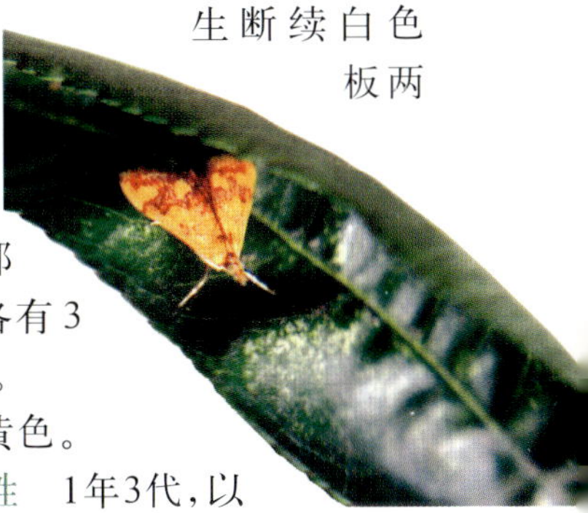

蛹　棕黄色。

生活习性　1年3代，以3龄或末龄幼虫在残叶或土缝中结茧越冬。翌春4～5月化蛹，5、6月间始见成虫。7～8月危害重。夏季卵期3天，幼虫期10～15天。每雌产卵约180粒，卵多产于叶背面。幼虫喜吐丝将叶卷成筒状，藏体于其中蚕食叶片，进入末龄后常出筒活

紫苏野螟，成虫白昼栖息于毗邻紫苏的桃树叶上

紫苏野螟，紫红色型幼虫

紫苏野螟，青绿色型幼虫

紫苏野螟，幼虫危害状

动，将嫩梢咬断，老熟后在叶筒内或土缝中结薄茧化蛹。成虫白天栖息于寄主叶面或临近的桃树等叶面。8～9月部分第2代末龄幼虫及第3代幼虫陆续滞育越冬。幼虫有雷赖氏奴模菌寄生。

防治方法

(1)生长季节，发现叶片被卷即剪除销毁，杀死卷筒内的幼虫。

(2)深秋拔除枯死植株后，检净地面残叶深埋，细致整地，打碎土块，消灭越冬虫体。

(3)在幼虫孵化始盛期，喷洒Bt乳剂。避开中午前后太阳光照射强烈时，于早、晚喷洒。或喷洒三苦素500倍液等。

(4)大面积发生严重时可于幼虫3龄前选喷20%速灭杀丁乳油4000倍液、2.5%敌杀死乳油4000倍液等。

紫薇绒粉蚧

又名紫薇绒毡蚧、袋蚧、石榴毡蚧、石榴绒蚧、石榴囊毡蚧。分布于辽宁、内蒙古、河北、河南、山东、山西、北京、天津、江苏、浙江、湖北、四川等地。危害紫薇、石榴、扁担木等。

危害状　若虫和雌成虫群集在枝、干及叶上吸取汁液，造成树势衰弱，严重时虫体布满枝、干，致树木叶黄、枯枝甚至死亡，影响树木的呼吸、光合作用和观赏。大量排泄物还诱发煤污病。以紫薇、石榴受害较重。

形态特征

成虫　雌成虫卵圆形，头端较尾端稍尖，体长3mm左右，最宽处2mm左右。紫红色，老熟时被包于白色毛毡状卵囊中。触角7节，第3节最长，第4节略短于第3节。具3对很小的足。雄成虫体长1.2mm左右，紫褐色，翅半透明，

紫苏野螟，幼虫危害状 II

紫薇绒粉蚧，危害紫薇状

紫薇绒粉蚧与煤污病复合危害，紫薇植株衰弱状

触角10节，上有轮生毛，长为体长之半，色稍淡。腹末有2根灰白色蜡丝，越过体长，约1.5mm。

卵　椭圆形，淡紫红色，长0.3mm左右。

若虫　初孵若虫椭圆形，体长0.5mm左右，宽0.25mm左右，淡黄色，渐变为淡紫红色，体背及体缘有刺突。触角和足发达。2龄若虫开始分泌白色蜡粉和体缘蜡丝。越冬若虫体长1mm左右，紫红色。足3对，黄色。体背有少量白色蜡丝。

蛹　体长1.8mm左右，长椭圆形，紫褐色，包于白色蜡囊中。雄蜡囊长14mm左右，灰白色。

生活习性　1年发生代数，南方3~4代，河北、北京2代。在河北、山东以2龄若虫在枝、干皮缝下或空卵囊中越冬，在上海地区则以成虫越冬。在河北中南部，翌年3月下旬越冬若虫出蛰，4月中、下旬雌雄分化，5月初成虫羽化，6月上旬为成虫产卵盛期，6月中旬为1龄若虫出现盛期。8月中旬至9月末为第2代若虫孵化期。若虫出现以第1代较整齐，第2代则延续时间较长。第2代若虫发育至2龄后于10月下旬开始越冬。在上海地区，各代成虫产卵期分别在3月上旬、4月下旬、5月中下旬，若虫孵化期分别为3月下中旬、5月下旬至6月上旬、8月上旬。初孵若虫自卵囊爬出，沿寄主枝条爬行，在枝干隙缝中定居刺吸危害。雌虫将卵产于绒毡状卵囊（蜡质蚧壳）下面的母体后方，每雌产卵115粒左

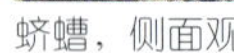

蛴螬，侧面观

蛴螬，背面观

右。天敌有瓢虫、草蛉等。

防治方法

(1)严格检疫。带虫苗木不出圃。不栽带虫苗木，或将带虫苗木严格处理确认已灭疫后再引进栽植。

(2)加强园艺管理。合理施肥、浇水、修剪，增强树体抗虫性。紫薇耐修剪，可结合冬季整形，剪除带虫多的枝条，消灭越冬虫态。

(3)经常检查，发现白色卵囊即用细的钢刷将其刷去。

(4)药剂防治。早春树木发芽前选喷3～5°Be石硫合剂、30号机油乳剂10～20倍液等。若虫孵化到大量分泌蜡粉、蜡丝前选喷：20%好年冬乳油1000～1500倍液、20%菊杀乳油1000～1200倍液加1/1000中性洗衣粉、40%氧化乐果乳油1000倍液、25%亚胺硫磷乳油1000倍液、50%久效磷乳油1500倍液、80%敌敌畏乳油1000倍液、50%杀螟松1000倍液等。

(5)若虫期施药，在受害株周围埋施15%涕灭威颗粒剂，单株干基径每1cm用药1.5g左右，覆土后浇足水，或开沟浇40%氧化乐果乳油1000倍液，单株干基径每1cm浇药水1.5～2kg等。

(6)注意保护和利用天敌。

蛴　螬

又名核桃虫，是金龟子幼虫的统称，全国各地都有分布，危害170多种园林、花卉植物的根茎部，是花圃、苗圃、园林、草坪的常见地下害虫。部分蛴螬的成虫危害花木的叶、芽、花。

危害状　咬取花木的根茎部，可致幼苗根茎断裂、死亡，在苗圃形成缺苗断垅，重者毁种重播。咬食大的块根、块茎形成圆形或不规则孔洞，严重妨碍生长。

形态特征　虫体为圆筒形，臀部肥大，常弯曲成“C”形，乳白色，有胸足3对，体背隆起多皱。

生活习性　1年发生代数，因种类和地域不同而异。如铜绿金龟子在北京地区1年发生1代，以幼虫在土中越冬。华北大黑金龟子2年发生1代，

以幼虫和成虫越冬。蛴螬喜发生于有机质多的土壤中，通常在春季和夏末秋初危害严重，冬季低温和夏季高温潜入深土层。

防治方法

（1）实行综合治理，在蛴螬发生严重的地区，要注意大面积除治成虫，沤制有机肥处要远离花圃，有机肥要充分腐熟后再施用。

（2）药剂防治。花圃地可根灌90%敌百虫晶体800倍液或50%辛硫磷乳剂1000倍液等。

榆凤蛾

又名粉笔虫、榆长尾蛾、榆燕蛾。分布于河北、黑龙江、辽宁、吉林、北京、天津、湖北、四川、甘肃、湖南、贵州、云南、山西、安徽、江西、上海、浙江、江苏、河南、山东等地。危害榆树。

危害状　幼虫危害榆叶呈缺刻状或将叶片吃光，叶上幼虫似粉笔状。

形态特征

成虫　体长19mm，翅长72mm左右。体黑色，下唇须及肩片基部的斑纹均为桃红色。前翅黑色，无斑纹。后翅后角有尾状突起，外缘有2行红斑，新月形或圆形，腹部背面黑色，节间红色（雌），或橙黄色（雄）。

卵　圆球形，黑色，有光泽。

幼虫　老熟幼虫体长44～58mm。头黑色。全身覆被较厚的白色蜡粉，在寄主上只见一白色条状物，故名“粉笔虫”。在温水或酒精中溶掉蜡粉可见：体淡绿色，背线黄色，各节末端有1个黑色圆点，褐色斑组成亚背线和气门上线，气门黄色，围气门片黑色，不规则的斜斑组成气门下线，臀板黑色，胸足棕褐色，各节间黄色，腹足外侧有1块近三角形黑褐色斑，趾钩黑色，全身刚毛淡黄色。

蛹　黑褐色，外被椭圆形土茧。

生活习性　在河北秦皇岛市区和辽宁1年发生1代，以蛹在土中越冬。翌年6月上、中旬成虫羽化，白天活动，在林间飞舞似黑凤蝶。产卵于榆树叶面，卵单产。初孵幼虫仅食叶肉，稍大后啃食全叶，梢端嫩叶被食最多。7、8月份危害最甚，可将叶片全部吃光。9月中旬以后幼虫老熟，陆续入土做土茧化蛹越冬。

防治方法

（1）在榆凤蛾发生严重的地区注意榆树与其他花木的混栽，避免大片单独栽植榆树。

（2）低矮树木，人工捕杀幼虫。高大树木，可人工震落，捕杀幼虫。

（3）大面积严重发生时喷药除治，可选喷25%杀虫双水剂1000倍液、5%

榆凤蛾，幼虫

来福灵乳油3000倍液、80%敌敌畏乳油1000倍液、50%辛硫磷乳油2000倍液、2.5%溴氰菊酯乳油3000倍液、90%敌百虫原药1000倍液等。

榆锐卷象

又名榆卷象、榆卷叶象甲。分布于陕西、河北、山西、北京、山东、辽宁、内蒙古等。危害榆树，公园、街道等处栽植的榆树时有发生。

危害状　成虫、幼虫均危害榆树叶片，受害叶片被咬成不规则的圆洞或缺刻。雌成虫产卵时于叶端部，并将叶片中脉的一侧沿1条侧脉咬断半个叶片，并将被咬断那半叶的端半部折叠于未被咬断的那一半叶上，卷折成筒状叶苞，影响树木的正常生长。

形态特征

成虫　体长约6mm，体黄褐色，惟鞘翅深蓝色，带金属光泽。头黄褐色，头顶具1条浅纵沟；复眼黑褐色，突出呈半球形；触角着生于喙的中部，即复眼的前下方紧靠正中的两侧，第1节黄褐色，其余各节为赤褐色。前胸背板黄褐色，有亮光，前窄后宽，呈弧形拱起若半球形，表面有不甚明显的浅刻点，靠近基部具1个横凹槽，呈束腰状，背中央具1个浅纵沟。

卵　椭圆形，长约1.5mm，橘黄色。

幼虫　老熟幼虫体长约5mm，头黑褐色，体淡黄褐色，有稀疏刚毛。

蛹　裸蛹，近似纺锤形，长约5mm，深黄褐色，头部较阔圆，腹末较尖，被稀疏刚毛。

生活习性　1年1代，以成虫在榆树附近枯枝落叶下、砖石土块下或土缝内越冬。翌年6月下旬越冬成虫出蛰取食和繁殖后代。雌成虫产卵于卷折的叶苞内，一般1个叶苞内仅产卵1粒，每个雌虫一生产卵20～50粒。卵期5～6天。幼虫共3龄，约12天。卵期4～5天。卵、幼虫、蛹期都生活在叶苞内。成虫羽化后，咬破叶苞从一端钻出爬上枝梢，选择老嫩适当的叶片取食，经7～10天的补充营养，开始飞动寻找配偶和产卵。该虫食性单一，成虫期食量较大，除产卵危害叶片外，一生中可危害30～50片叶，由6月下旬至9月中旬均可见到成虫活动。

榆锐卷象，卷入卵粒的榆叶

榆锐卷象，展开叶苞后可见卵粒

榆锐卷象，成虫及危害状

防治方法

(1)在卵、幼虫和蛹期，摘除树上虫苞，杀死虫体。

(2)成虫期，利用成虫假死性，震动树干，捕杀落地成虫。

(3)严重大面积发生时喷药防治。可选喷50%敌百虫乳油500倍液、90%敌百虫晶体800～1000倍液、30%乙酰甲胺磷乳油1000倍液等。

榆蓝叶甲

又名榆绿毛萤虫甲、榆绿叶甲、榆毛胸萤叶甲、榆绿金花虫。分布于辽宁、黑龙江、吉林、北京、天津、河北、山西、内蒙古、山东、江苏、陕西、甘肃、河南、湖南、四川、安徽等地。危害榆，是其重要害虫之一。

危害状　成虫、幼虫取食榆树叶片，将叶片食成网眼状，严重时整个树冠叶片被食光，削弱生长势，连年危害可将榆树吃死。

形态特征

成虫　体长7.0～8.5mm，宽约3mm，近长方形。头淡黄褐至黄褐色，刻点略粗于前胸刻点，具细毛，中央纵沟明显。在触角后瘤的上方形成浅横凹，头顶有1个三角形黑纹。触角线状，第1～6节黄褐色，背面常为黑色，其余各节黑色；第1节棒状，第2节短小，第3、4节约等长。前胸背板淡黄褐至黄褐色，刻点细小，具毛，中部略隆起，中纵沟短，隆起部位的两侧多有一侧凹，侧缘完整，在前胸背中央有一前宽后窄的黑斑，两侧各有一卵形黑斑。小盾片与鞘翅同色，略呈方形，具毛。鞘翅绿色，具金属光泽，有时此光泽为蓝色，刻点细密，略呈横皱状，被灰白色短毛，近侧区及近端区逐渐向侧缘倾斜。体腹面，足黄褐色，被细毛，前足基节窝后方开放，跗爪双齿式。

卵　梨形，长约1.0mm，宽约0.6mm，初产时白色，渐变为黄色至灰土黄色。

幼虫　老熟幼虫约10mm，体长形微扁平，深黄色，头、足及胴部所有的毛瘤均呈漆黑色。中、后胸及腹部第1～8节背面漆黑色。头部较小，疏生白色长毛。前胸背板近中央有一四方形黑斑。中 、后胸背面各分前后两小节，前小节有4个毛瘤，两侧各有2个毛瘤；腹部背面1～8节也分两小节，前小节有4个毛瘤，后小节有6个毛瘤，两侧各有3个毛瘤。臀板深黄色，上面疏生刚毛。

蛹 椭圆形，长约7.5mm，乌黄色，背面生有黑褐色刚毛。

生活习性 辽宁、河北1年2代，山东3代，均以成虫在屋檐、墙缝、土垛、树皮缝、砖石堆、杂草间及土缝内越冬。翌春3、4月间，日均温达到11℃以上时越冬成虫出蛰活动。4月下旬始见幼虫，5月中旬开始化蛹，5月下旬第1代成虫出现，6月上旬第2代幼虫出现，7月下旬开始下树化蛹，7月上旬第2代成虫出现，8月上旬成虫开始寻找越冬场所。成虫羽化后1～2天，爬到树冠上取食，补充营养，常在叶背面剥食叶肉，残留叶脉，往往表皮脱落而成穿孔，穿孔边缘较整齐。成虫产卵多选择完整无缺的叶片，产于叶背面近叶脉处，成双行排列成块，每块1～28粒，每雌平均产卵214粒。个别成虫寿命较长，可以越冬2次。越冬成虫死亡率很高，一般第1代危害不严重，第2代危害较重。幼虫蜕皮2次，共3龄。幼虫期22～30天，初龄幼虫仅食叶肉，残留叶脉，受害部呈网眼状，逐渐变为褐色。一般先食嫩叶，每将叶片中部食完后即行转移，2龄以后将叶食成孔洞。1头幼虫一生可食6～7片叶。幼虫一般栖息于树冠下层，以东面及东北面较多。老熟幼虫爬到树干枝杈的下面或树洞及树皮缝等处，群集化蛹。天敌有草蛉、壁虱、黄僵菌等。

榆蓝叶甲，成虫形态（中下叶柄基部）、卵块（上左、上右叶片上）及危害状

槐庶尺蛾，成虫

槐庶尺蛾，幼虫（春型）II

槐庶尺蛾，幼虫（春型）I

槐庶尺蛾，感染病毒病垂吊而死的幼虫

防治方法

（1）在城镇、乡村道路绿化时注意榆树与其他阔叶树种混合栽植，株间混栽或行间混栽，榆树的比例宜相对较小，避免成片单独栽植榆树。

（2）狠治第1代蛹。在幼虫群集于树干化蛹时，将蛹扫集杀死，或喷洒90%敌百虫晶体1000倍液、50%爱乐散乳油、2.5%保得乳油等毒杀。

（3）涂药环。幼虫孵化始盛期，在树干涂药环，方法是在树干胸高处，将老树皮刮去1周，其宽度为胸高直径的2/3，再涂以40%氧化乐果乳油5倍液等，药液涂到即将流下为度，涂后用塑料薄膜包扎。

槐庶尺蛾

又名国槐尺蠖、吊死鬼、槐尺蠖、槐尺蛾。分布于辽宁、吉林、黑龙江、北京、天津、河北、山东、陕西、甘肃、河南、浙江、台湾、四川、西藏、江苏等地。危害槐树、龙爪槐，食料不足时，亦危害刺槐。

危害状　初孵幼虫啃食叶肉，叶面呈小白点状；幼虫长大后啃食叶片呈缺刻，可把叶片吃光，仅剩主脉；猛击树干，幼虫可吐丝下垂，俗称“吊死鬼”。

形态特征

成虫　前翅长18～22mm。触角线状，雄蛾具微毛。体翅灰白、黄褐至灰褐色，翅上密布小点。前翅外缘褐色，前缘近顶角处有一黑色条；外线双线，

槐庶尺蛾，预蛹

槐庶尺蛾，老熟幼虫下树寻找化蛹场所（墙角枯枝落叶下）

槐庶尺蛾，蛹

槐庶尺蛾，虫粪污染城市路面

内侧的一线颜色较深，从M2脉处至后缘向外弯，并被细线分割形成1列6个黑斑，在前缘形成的三角形褐斑内有2～3个横黑纹；中线、内线褐色、较细；中线在中室端内折向前缘中部，并有一短褐线相连，在中室端形成1个三角形；内线与中线大体平行；翅顶角及外线以内至翅基颜色较淡。后翅外缘褐色，波状，M3脉端处向外突出较甚；外线双线较直，与前翅外线相连，内侧的一线亦较外侧的一线颜色深而粗；中室端有黑点；内线颜色较浅较直；外线以内颜色淡。翅反面斑纹更清晰。

卵　钝椭圆形，一端较平截，大小为0.58～0.67mm×0.42～0.48mm。初产时绿色，渐变为灰黑色而杂有红色斑点，孵化前为灰黑色。卵壳透明，白色，其上密布蜂窝状凹陷。

幼虫　在春夏季发生的幼虫体色与秋季幼虫体色不同，但成虫外生殖器完全一致，所以仍是一个种。春型：老熟幼虫体长38～42mm。体色粉绿，头部浓绿色，气门线黄色，气门线以上密布黑色小点，气门线以下至腹面深绿色，气门黑色，围气门片灰褐色。胸足及腹足端部黑色。幼虫老熟时体色变为紫粉色，气门线枯黄色。秋型：老熟幼虫体长45～55mm。头部黑色，体色粉绿稍带蓝色，两端黄绿色，背线黑色，在节间间断为黑点，每节中央成黑色“十”形，亚背线与气门上线为间断的黑色纵条，胸部和腹部末2节散布黑点，腹部黄绿色，胸足黑色，腹足与体色相同，只端部黑色。

蛹　雌蛹16.5mm × 5.8mm，雄蛹16.3mm × 5.6mm。初产时粉绿色，渐

槐庶尺蛾，城市居民小区内
槐树被害状（叶色浓绿者为悬铃木）

变为紫色。臀棘具钩刺2枚，其长度约为臀棘全长的1/2弱，雄蛹2个钩刺平行，雌蛹2个钩刺向外呈分叉状。

生活习性　1年发生数代，河北石家庄4代，北京3代，有时部分4代，陕西西安4代。以蛹在树干周围土壤里越冬，翌年4、5月间陆续羽化。在石家庄5月初始见第1代幼虫，第2、3、4代幼虫分别出现在6月下旬、8月初、9月中旬。10月中、下旬陆续开始入土化蛹越冬。成虫多集中于傍晚羽化，趋灯光性强，白天多在墙壁上或灌木丛里停落，夜晚活动。卵散产于叶片、叶柄和小枝上，以树冠南部最多。各代卵孵化整齐，幼虫孵化后即开始取食，初期被害叶呈网状，3龄以后取食叶肉，咬成缺刻，4～5龄食量最大，严重时可将整株叶片吃光，仅留主脉。幼虫共5龄，危害期15天左右。老熟幼虫化蛹前体背由灰绿色变为灰红色，直接落地或吐丝下垂落地，向树干周围爬行，入土化蛹，其深度一般3～6cm，最深10cm。越冬场所多数在树冠投影范围内，以树冠东南面最多，可数10头或上千头聚集在一起。暴风雨能造成大量幼虫坠地或溺水死亡，特别是化蛹前如下几次暴雨，则下代虫量明显减少。天敌，幼虫期有胡蜂、土蜂、小黄蜂、麻雀、病毒等；蛹期有白僵菌。卵期有卵寄生蜂、赤眼蜂。庭院内，鸡为重要天敌。

防治方法

(1)各代蛹期在树冠下及其周围松土中挖蛹。

(2)幼虫期主要是抓好1～2代幼虫的防治。低龄期可喷洒20%灭幼脲1号胶悬剂1000倍液或25%灭幼脲3号胶悬剂1000倍液，3龄期喷洒100亿以上孢子/ml的Bt乳剂1000倍液或青虫菌粉等。

(3)在各代老熟幼虫吐丝下垂准备入土化蛹时，扫集幼虫杀死。

(4)注意保护各种天敌。

槐庶尺蛾，幼虫危害槐树状

槐庶尺蛾，城市公园内
槐树叶被吃光后二次发出新叶

（5）当突发成灾、面积又大时可选喷75%辛硫磷乳油2000倍液、50%亚胺硫磷乳油2000倍液、50%杀螟松乳油1500倍液、80%敌敌畏乳油1000～1500倍液、20%菊杀乳油4000倍液、20%灭扫利乳油4000倍液等，毒杀幼虫。

膜肩网蝽

分布于北京、河北、河南、山东、山西、陕西、甘肃、江苏、湖北、江西、四川、安徽、广东等地。以成虫、若虫危害杨、垂柳、檫树等叶片。危害毛白杨叶片，造成叶片失绿，严重时，1个叶片上有虫50～125个，致使整个叶片苍白，甚至脱落。

危害状　杨树叶正面轻则点状失绿，重则多点密集连成片，甚至整个叶片叶肉失绿变为苍白色，仅剩主脉和主侧脉为绿色，叶背面散布黑绿色的小点（排泄物）。碰触叶片，有小型蝽象坠地。

形态特征

成虫　雌体长3.04mm，宽1.16mm；雄体长2.88mm，宽1.27mm。头光滑，圆鼓，褐色。复眼红色，触角浅黄色，被有短毛，4节，以第3节最长，第4节端半部黑色，头兜屋脊状，有3条灰黄色纵脊，末端有2个深褐色斑，前翅长椭圆形，长过腹末；淡黄白色，由翅脉相隔成网状透明小室。静息时，2个前翅端部相互相叠，呈半圆形，翅面可见大型深褐色“X”形斑。

卵　长0.43～0.46mm，宽0.15～0.16mm，长椭圆形略弯。初产时乳白色，孵化前变为红色。

若虫　4龄若虫体长2.17～2.18mm，宽1.14～1.16mm，头黑色，翅芽基部和端部黑色，腹部有黑斑。

生活习性　在河北石家庄和山东临沂1年4代，有世代重叠现象。以成虫隐蔽在干基部的树皮缝内或干基附近的土缝、砖缝内越冬，也有的附着在卷缩的枯枝落叶内越冬。翌年4、5月间日均气温在12℃以上时，出蛰危害杨树嫩茎和嫩叶并产卵。卵多成行排列，产于主侧脉两侧的叶肉内，少数散产。排出黑绿色粘稠状粪液覆盖于产卵处，使叶脉两旁呈2条明显的细黑带。卵期9～11天。若虫及成虫均群集于叶背取食，爬行迅速，一般只靠爬行转移，极少有飞翔的。有假死性，稍有触动即坠地，仅有个别留在叶背不动。若虫期15～20天。当树叶被危害落光后，可群体迁飞至附近有食料处继续危害。可危害杨树片林，亦可危害城市行道树，据调查石家庄市桥西区几条主要街道边的毛白杨，几乎无一株幸免，有的路段叶被害率达90%以上，9月上旬就有不少叶片被害脱落。主要天敌有异色瓢虫、中华草蛉、大草蛉、蠋蝽、小枕异绒螨、广腹螳螂等。

防治方法

(1)秋后及时清除树下枯枝落叶，集中深埋。在城市不仅要将路面、人行道上的枯枝落叶清除，还应将路边花池、绿篱内的枯枝落叶彻底清除，以消灭下树越冬的成虫。对片林在清除枯枝落叶后再深翻土地。冬季对1.5m以下的树干涂抹白涂剂，注意要将树皮裂缝内也要涂得周到。

(2)注意营造混交林。不仅片林要混交，在膜肩网蝽发生严重地区，城市行道树也要注意混栽，采用株间或街道间混栽，不要几条街道连接起来都是毛白杨。

膜肩网蝽

(3)注意保护利用天敌，当城乡接合部麦收后瓢虫大量向城区杨树转移时，不要喷洒农药。

(4)大面积发生严重，天敌又较少时，喷洒农药除治若虫或成虫，可选喷25%速灭威可湿性粉剂、50%杀螟松乳油、50%敌敌畏乳油、75%辛硫磷乳油、40%氧化乐果乳油等，低容量或超低容量喷雾均可。

稻切叶野螟

又名稻切叶螟。分布于江苏、河北、上海、浙江、江西、福建、广东、台湾、湖南、湖北、广西、云南等地。危害多种禾本科草坪草、水稻、楠竹、甘蔗等叶片，严重时将叶片吃光，影响其生长和发育。

危害状　幼虫吐丝结苞危害草叶成缺刻，严重时吃光叶片，致草坪呈刀切状。

形态特征

成虫　体长11mm，翅展22～24mm。头部暗褐色，触角基部和复眼间白色，下唇须先端尖，向前平伸，下面白色，上部暗褐色；触角丝状，具微毛。胸部背面褐色，前部色稍深。前翅暗褐色，斑纹深褐色，中室中部和端部各具1个斑，内线向外弯曲，外线弯如锯齿。后翅近外缘处暗褐色，向内色渐浅，中室中部有1个暗褐色斑，外线和亚端线暗褐色，锯齿状，端线褐色。前后翅缘毛褐色，从前翅向后翅逐渐变淡，基部色深，呈1条暗褐色线纹。腹部背面褐

稻切叶野螟，成虫形态

色，腹面黄褐色。

卵　扁平椭圆形，长0.7mm。初为乳白色半透明，后出现橙色斑。卵块长椭圆形。

幼虫　老熟幼虫体长约21mm，头黄褐色，口器暗褐色，体墨绿至污绿色，背线绿色，前胸背板黄褐色，上生2排棘毛，每排6根。中胸背板具褐色毛片2块，其上各生3根刺毛。后胸背面具4块毛片排成1列，中间2块各有2根刺毛，外侧2块各有1根。腹部各节背面具6块毛片，前排4个，后排2个，各毛片上生1根刺毛。

蛹　长约12mm，棕红褐色，腹末具2根硬钩刺，其周围生6根软钩刺。

生活习性　浙江1年5~6代，以老熟幼虫或蛹在苗中越冬。翌年5月上、中旬越冬代成虫出现，末代成虫出现期在11月上中旬。河北石家庄市区草坪10月底仍可见到成虫。成虫多在22：00至翌晨羽化，善飞，趋光性较强，卵多成块产于嫩叶背面近中脉旁，很少散产。每雌产卵约200粒。卵期约4天。初孵幼虫常潜入心叶内取食，3龄后缀叶危害。幼虫共5~6龄，幼虫期15~34天，老熟后在受害的叶丛间近基部或植株上部吐丝，把虫粪、叶碎片缀成薄茧化蛹其中。蛹期7~25天。

防治方法

（1）合理施肥、浇水、松土，加强管理，促进花卉、草坪健壮生长，减轻危害。

(2)喷洒青虫菌、杀螟杆菌等。用量为2000g/667m^{2}的100亿活孢子/g，配成400倍液喷洒。或加入药液量0.1%的洗衣粉作湿润剂，以增强药效。

(3)人工释放赤眼蜂。在产卵始盛期至高峰期，分期分批放蜂，每次3万~4万头/667m^2，隔3天放1次，连放3次。

(4)在幼虫2、3龄时喷药防治。可喷80%杀虫单粉剂35~40g/667m^2、42%特力克乳油60ml/667m^{2}的600倍液、90%敌百虫晶体60ml/667m^{2}的600倍液、50%杀螟松乳油100ml/667m^{2}的1000倍液、5%锐劲特胶悬剂20ml/667m^{2}的500倍液、10%吡虫啉可湿性粉剂10~30g/667m^{2}的2000倍液，或用10%吡虫啉10~20g/667m^{2}与80%杀虫单40g/667m^{2}混配的2000倍液等。

橘臀纹粉蚧

又名柑橘刺粉蚧、柑橘粉蚧。分布于河北、广东、广西、云南、江西、四川、福建、台湾、湖南、上海、江苏、浙江等地。危害双色茉莉、柑、橘、橙、苹果、梨、杏、柿、一串红、君子兰、佛手、朱顶红、茉莉、龟背竹、牡丹、绿萝、红宝石、番石榴等。

危害状　雌成虫和若虫多群集在嫩枝的叶背、叶面、叶腋、幼芽及枝梢等处吸食汁液，致使叶片早落，并诱发煤污病。植株的叶腋、叶背等处有白色绵状物，或椭圆形被白色蜡粉状物。

形态特征

成虫　雌成虫体长约4.0mm，宽约2.8mm，椭圆形，粉红色或青至青黄色，外被白色蜡粉，体缘有18对蜡刺，均较短，向体后端渐长。触角8节，末节最长。足发达，后足基节与胫节常有若干透明孔。有前后背裂。腹裂1个。肛环有孔纹，肛环刺6根。臀瓣腹面有狭长的硬化片。

若虫　雌3龄，雄2龄。椭圆形，触角与足发达。初孵若虫体扁平，淡黄色，无蜡粉。第2龄开始分泌蜡粉，体周缘出现蜡丝。第3龄与雌成虫相似。

生活习性　1年发生3～4代，以雌成虫在枝干缝隙内越冬。翌年3月中、下旬开始活动取食，4月底开始产卵。产卵前于体后分泌白色棉絮状蜡质卵囊，产卵其中。每雌产卵300～400粒。卵期约15天，5月中、下旬若虫陆续出现，并在叶、枝、干等处危害。有世代重叠现象，主要行孤雌生殖。9～10月间出现雄成虫，交尾后即死去。雄若虫2龄时多转至1cm深土层化蛹、羽化。1龄若虫平均15天，2、3龄若虫各16天。喜阴湿，多于茂密、荫蔽处群集危害。

防治方法

（1）严格检疫，不出售、不引进带虫花木。

（2）当虫株少、虫口密度小时，可结合整形修剪，人工刮除虫体或剪除多虫枝叶。

（3）在若虫发生期，选喷50%杀螟

橘臀纹粉蚧，雌成虫

橘臀纹粉蚧，危害红花吊兰状

橘臂纹粉蚧，危害双色茉莉叶正面

橘臂纹粉蚧，危害双色茉莉叶背面

橘臂纹粉蚧，危害橘嫩枝状

松乳油1000倍液、40%氧化乐果乳油1000倍液、50%久效磷1000倍液、40%乙酰甲胺磷乳油1000倍液、20%杀灭菊酯2000倍液等。或树干涂抹50%辛硫磷乳油10倍液药环，药环宽10cm。

（4）注意保护瓢虫等天敌，喷药期尽量避开天敌发生繁殖期，必须用药时，可改用涂茎、根埋等施药方法。

霜 天 蛾

又名梧桐天蛾、泡桐灰天蛾。分布于华北、华中、华东、中南。危害女贞、丁香、梧桐、梣、梓、楸、牡荆、楸、水腰、泡桐等。

危害状　幼虫取食植株叶片成缺损状，4龄后食量大增，往往将一根枝条上的叶片吃光（仅剩端部幼嫩的）再吃另一枝条上的叶，地面布满大粒墨绿色虫粪，防碍树木生长和环境卫生。

形态特征

成虫　体长40mm，翅展90～130mm。头灰褐色，下唇须末端与头顶平，基节白色。胸部背面灰褐色，肩板两侧有黑纵带，后缘有黑斑1对，组成一个黑框，前胸至腹部背线棕黑色，腹部背线两侧有棕色纵带。前翅内线呈不显著的波状纹，中线呈双行波状棕黑色，中室下方有2条外斜黑纵条，顶角有1个黑色线条向前缘弯曲。后翅棕色，后角有灰白色斑，缘毛白色，有棕褐色斑列。腹部腹面灰白色。

卵　球形，初产时绿色，渐变为淡黄色。

幼虫　老熟幼虫体长75～96mm。有2种色型。1种为绿色型，体上有黄白色的细小颗粒，腹部第1～8节两侧各有1条白色斜纹，斜纹上缘绿紫色，气门黑色，围气门片黄白色，尾角绿色。另1种为褐色型，在腹部第1～7节背面两侧各有2个三角形的褐色斑块，尾角褐色，上有短刺。幼虫的色型、斜纹均在3龄后出现，胸足均为黄褐色，腹足绿色。

蛹　纺锤形，长50~60mm，喙在头部弯曲成环，末端与蛹体接触。

生活习性　1年发生1~3代，北京等1代区成虫6~7月出现，河南1年2代，南昌等3代区成虫4~5月、8月、11月上旬出现。各地均以蛹在土室内越冬。翌年4~5月羽化。成虫夜间活动，趋光性强。卵散产于叶背。卵期均20天。幼虫孵化后先啃食叶表皮，随后蚕食叶片，咬成大缺刻或孔洞。在石家庄市区，8月份危害最重，在地面可见大量碎叶和大粒虫粪。幼虫老熟后入土化蛹，化蛹位置多在树冠下松土、土层裂缝处。

防治方法

(1)人工捕捉幼虫。根据地面虫粪位置，往上方寻找被咬食叶片枝条上的幼虫。幼虫颜色与绿色枝叶颜色相近，注意寻找。

(2)冬前翻土，捕杀越冬蛹。

(3)生长期幼虫大量发生时，可喷洒灭幼脲3号、杀虫隆或Bt乳剂，亦可喷洒90%敌百虫粉1000倍液等。

(4)广腹螳螂为霜天蛾的重要天敌，应注意保护和利用。

霜天蛾，成虫

霜天蛾，不同色型的幼虫Ⅰ，危害丁香

霜天蛾，不同色型的幼虫Ⅱ，危害女贞

霜天蛾，不同色型的幼虫Ⅲ，危害泡桐

霜天蛾，低龄幼虫危害栀子花叶片

参考文献

1．戴芳澜．中国真菌总汇．北京：科学出版社，1979

2．魏景超．真菌鉴定手册．上海：上海科学技术出版社，1979

3．邢来君等．普通真菌学．北京：高等教育出版社，1999

4．袁嗣令等．中国乔、灌木病害．北京：科学出版社，1997

5．陈俊愉等．中国农业百科全书·观赏园艺卷．北京：农业出版社，1996

6．吴福祯等．中国农业百科全书·昆虫卷．北京：农业出版社，1990

7．陆家云等．植物病害诊断．北京：农业出版社，1997

8．邵景文等．森林昆虫分类与鉴定．北京：中国林业出版社，1996

9．张广学等．中国经济昆虫志·同翅目蚜虫类．北京：科学出版社，1983

10．周尧．中国盾蚧志．西安：陕西科学技术出版社，1981

11．萧刚柔．中国森林昆虫(第二版)．北京：中国林业出版社，1991

12．[美] P．P．庇隆．沈瑞祥等译．花木病虫害．北京：中国建筑工业出版社，1987

13．陈俊愉等．中国花经．上海：上海文化出版社，1990

14．王绪捷，徐志华，董绪曾等．河北森林昆虫图册．石家庄：河北科学技术出版社，1985

15．徐志华．果树林木病害生态图鉴．北京：中国林业出版社，2000

16．屠予钦．农药科学使用指南(第二版)．北京：金盾出版社，2000